U0396302

500 WINES FOR 100 OCCASIONS

500款美酒：

庆祝人生的100个重要时刻

（英）大卫·威廉姆斯

David Williams

东南大学出版社
SOUTHEAST UNIVERSITY PRESS
·南京·

图书在版编目(CIP)数据

500 款美酒：庆祝人生的 100 个重要时刻 /（英）威廉姆斯（Williams, D.）著；南京恩晨企业管理有限公司译 .—南京：东南大学出版社，2015.7

书名原文：500 Wines for 100 Occasions

ISBN 978-7-5641-5868-2

Ⅰ. ① 5… Ⅱ. ①威… ②南… Ⅲ. ①葡萄酒—基本知识 Ⅳ. ① TS262.6

中国版本图书馆 CIP 数据核字（2015）第 142162 号

江苏省版权局著作权合同登记

图字：10-2014-508 号

500 款美酒：庆祝人生的 100 个重要时刻

出版发行：东南大学出版社
社　　址：南京四牌楼 2 号　　邮编 210096
出 版 人：江建中
责任编辑：朱震霞
网　　址：http://www.seupress.com
电子邮件：press@seupress.com
经　　销：全国各地新华书店
印　　刷：上海利丰雅高印刷有限公司
开　　本：889mm × 1194mm　1/16
印　　张：16
字　　数：450 千字
版　　次：2015 年 7 月第 1 版
印　　次：2015 年 7 月第 1 次印刷
书　　号：ISBN 978-7-5641-5868-2
定　　价：135.00 元

本社图书若有印装质量问题，请直接与营销部联系。电话: 025-83791830

目　录

100个重要时刻

序 艾琳·麦考伊

一个炎热的夏日午后，我正躺在一张吊床上，一边阅读，一边喝着一杯清爽解渴的德国雷司令酒。一只蜜蜂在附近嗡嗡叫着飞来飞去，它也明显地感受到了葡萄酒中散发出的花与蜜的芳香。就像我被温暖的太阳、附近海浪的声响以及令人精神振奋的馨香白色液体之间完美的和谐魅惑住了一样，它一个俯冲，以神风特攻队的姿势坠入了暗淡而冰凉的酒液中。

大部分人一提起葡萄酒就会联想到特殊的情景，比如一顿沙滩野餐、一场豪华盛宴、一台周年纪念晚会、一个浪漫的周末或者一次休闲烧烤。这不足为奇。葡萄酒有着长达8 000年的历史，从它诞生的第一天起，它就和生活中的仪式、重大事件以及用餐紧密地联系在一起了。像其他埃及法老一样，图坦卡蒙与一个装满红葡萄酒的大罐子埋葬在一起。在希腊聚会中，葡萄酒是哲学对话和诗歌竞赛中不可或缺的元素。我们认为，婚礼上的敬酒是由古代希腊高举一杯葡萄酒来祭神演化而来的；据推测，关于敬酒的最早记录是在至少1 500年以前，一场撒克逊人的婚礼盛宴上。在19世纪晚期，法国香槟区的人们就意识到了葡萄酒和情景之间的联系，为他们的起泡香槟酒成为庆祝的代名词创造了契机。一种独特的葡萄酒会为我们留下深刻的记忆，让我们记得在何时何地饮用过，且这种记忆会一直延续下去。对我而言，只要喝上一口宝禄爵香槟，就会被带回到儿子出生的那一天，当时，我在一间简陋的病房里，用纸杯中发出的温暖嘶嘶声来为他庆生。

在过去几十年中，人们总会认为所谓“葡萄酒圣品”就在于评级获得100分的酒款，而忽视了现实中的“上佳”葡萄酒。持这些论调的人忽略了有关葡萄酒的最明显的实质：它在哪种情况下饮用才称得上完美？如果想要在温暖的午后小酌一杯，那么一杯奢侈的、具有丝般口感而且酿造于最佳年份的柏翠所能带来的愉悦，甚至比不上一杯轻盈、冰凉的低酒精度白葡萄酒，后者似乎才像是夏季的象征。葡萄酒悄无声息地融入日常生活的情境。

在当代文化中，数以百计的、发生在不同时期以及地点的故事中，葡萄酒成为角色之一。季节、气氛、我们和谁在一起，以及我们身在何处，这一切都在影响着我们选择的食物类型。同样，我们也像选择食物一样来挑选葡萄酒。“如果我能够找到一种葡萄酒，能够搭配我清晨要吃的营养麦圈，那么我甚至会在早餐时喝它。”2011年进行的葡萄酒情境研究中的一位被采访者这样说笑。和20年前不同的是，今天的饮酒者们有着上千种葡萄酒可供选择，常常难以确定如何着手。

为世界上顶尖的葡萄酒评定等级的书多如繁星，然而本书或许是第一个深入研究并指导我们如何使葡萄酒适合生活情境的，它可以影响并丰富我们在现实生活中饮酒的方式。

前 言 大卫·威廉姆斯

几年前，我和一个邮政DVD俱乐部签约。它是按月付费的，你需要提供给它想看的电影的愿望清单，每当你寄回上一张影碟时，它就会回寄给你清单中的下一张。在一开始看起来，这是个不错的主意：我可以在整个电影历史中无限制地尽情选择——而且超出租借期限也不用交罚款，不像在本地租影碟的连锁店中一样。但是过了一段时间，我意识到自己每次要隔上更长时间才能够坐下来看一部电影，到了后来，在把影碟寄回给俱乐部前，我甚至连寄来的信封都没有打开过，更别说看里面的电影了。

我和许多加入这类俱乐部的人聊过，这个现象在我们这些人群中极为普遍，它很容易被诊断：乐观而善于自我改进的人填写着自己的观影清单，是为了获取能够滋养心智的伟大艺术作品（有字幕，通常是黑白片，人物和形式都很励志）；而一个筋疲力尽、不善思索、终日懒散的人在工作之余收到信件后，他想要的却只不过是可以转换一下心情，或者能够稍微取悦自己的娱乐活动，在工作与睡觉之间拿出一两个小时的时间来舒缓自己疲惫的神经。其间差异太大了。

我意识到，那些停留在我记忆中时间最长，以及对我影响最大的电影——被我认为是自己看过的最好的电影，从某种意义上来说它们都可以被称得上是一种挑战，而我并不总是想接受挑战。有时波拉特比褒曼更能令人入戏；有时候（事实上是大部分情况下）《安妮·霍尔》似乎比《悲哀与怜悯》更有魅力。

这一点很容易理解。它可以总结成一句老掉牙的俗语“马有马道（horses for courses）”，这一点对于葡萄酒同样适用，尽管经常被忽视。大多数情况下，当选择葡萄酒时，我们会陷入迷茫之中，甚至还会为此犯愁。我们会寻求“最佳”的或者我们认为自己应该喜爱的酒，而不是寻找与我们的情绪或当时的情境相契合的酒。阅读专业书籍中所描述的葡萄酒是一种了解酒品的方法，而这种方法通常会使我们掉进“最棒、最佳”的圈子里。从某种程度上来说，我对此没有异议。如果使用得当，这个重要的方法可以使得阅读成为一种享受，并且可以提供有用的建议——我们可以了解有价值的或表现欠佳的酒品。各类书（以及蓬勃发展着的网上读物）在争先恐后地对葡萄酒进行评级，并创设出昂贵酒品的万神殿，却干扰了大部分人在现实生活中与葡萄酒打交道的方式，甚至使我们难以享受到葡萄酒的全部乐趣。

事实上，对于大部分人来说，多数情况下最好的葡萄酒——那些公认的经典与大作，却并非合适的葡萄酒。首先，我们的经济预算不允许：如潮的好评会将一种葡萄酒的价格推升到的程度，远不是一本书或一部电影的钱能拿下的。当然还远远不止这些。即使我有足够的钱使得每天晚上都能打开一瓶Giuseppe Mascarello's Barolo Monprivato(本书中找出的一款昂贵酒品)，我也不会那样做。毫无疑问，几次饮用这种绝无争议的上品意大利葡萄酒的经历可以称得上是我的人生中最难忘的品酒体验。然而，如果我正巧在炎热的夏日夜晚吃着一盘香辣的泰国面条，或在海滩上享用一些美味的鱼，那么这种酒力颇强的红酒就不甚匹配了。如果将它作为一个喧闹嘈杂的派对的饮品，它引人入胜的魅力以及轻盈复杂的口感也会丧失。如果我正和一些爱好白葡萄酒的朋友们共进晚餐，那么它所含有的充满涩味的单宁便会显得不太受欢迎。事实上，在很多情况下，简单、低价的酒会是更好的选择。

换句话来说，情境决定葡萄酒的选择。和谁在一起，在吃着什么，身在何处；情绪如何，处于一年当中的哪个时节，天气怎样；你不断变化的口味，你口袋中所拥有的钱，场景的规模和类型，发生在特定日子的诸多琐碎、微不足道的事情……所有这些都在影响着你的选择。那种对于葡萄酒的感觉是生活的一部分，而并非一个虚无缥缈的审美对象，这就是我在这本书中想要表达的。

本书中所包含的若干种葡萄酒并不完全遵循诸多葡萄酒作家所推荐的昂贵酒品。在合适的地点、时间，如果愿意尝试不同的感受，所选择的葡萄酒种类就会产生深刻的影响。本书中所介绍的每一款特色葡萄酒在其所处的价格层面中都是极其出色的典型（或者至少是我的最爱）。当然，这并不是一本概括世界上500种最佳葡萄酒的书，也完全不同于葡萄酒排行榜。

我想要做的就是提供一些乐趣，一些好方法，使葡萄酒能够脱去所有凌乱的光环，更加贴合我们的生活。你也许正面临着一个重大的生活事件，比如结婚或离婚。你也许正在思索着外卖的中餐要配什么来喝，或者正在一家米其林星级的法国餐厅里研究着菜单；抑或是，你可能只是在看《宿醉2》，或是在工作之余窝在沙发中，观看一部匈牙利导演执导的、长达7个小时的前卫电影。无论你要去做什么，我希望这本书中会有一款合适的葡萄酒在等着你。

使用指南

正如本书的标题所示，我列举了100个重要时刻，包含了人们生活中大大小小的事件。这100个“重要时刻”大致按照时间顺序排列，但其中许多事件发生在生活的每个阶段。每一事件都用颜色做了标记，对应于七个类型：

个人精彩瞬间（诸如生日之类的人生里程碑）

感情生活（从初次约会到钻石婚的周年纪念）

工作天地（从大学毕业到退休）

节日时刻（圣诞节、新年或感恩节等节日）

乐在城镇中（从意大利餐馆到隔壁酒吧）

让我来款待你（当你要招待素食主义者或对食物极其挑剔之类的客人时）

日常生活（春日或者是一个居家的周末）

每个时刻都配有五种葡萄酒可供选择：

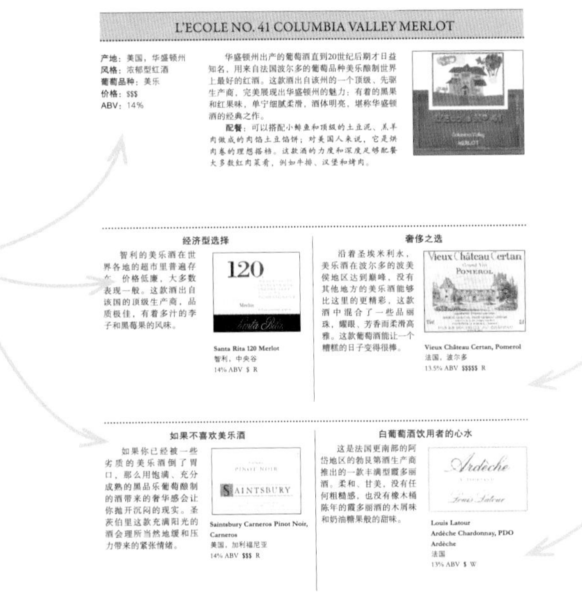

L'ECOLE NO. 41 COLUMBIA VALLEY MERLOT

产地：美国，华盛顿州
风格：浓郁型红酒
葡萄品种：美乐
价格：$$$
ABV：14%

华盛顿州出产的葡萄酒直到20世纪后期才日益知名，用来自法国波尔多的葡萄品种美乐酿制世界上最好的红酒。这款酒出自该州的一个顶级、先驱生产商，完美展现出华盛顿州的魅力：有着的黑果和红果味，单宁细腻柔滑，酒体明亮，堪称华盛顿酒的经典之作。

配餐：可以搭配小鲱鱼和顶级的土豆泥、羔羊肉做成的肉馅土豆馅饼；对美国人来说，它是烘肉卷的理想搭档。这款酒的力度和深度足够配餐大多数红肉菜肴，例如牛排、汉堡和烤肉。

经济型选择

智利的美乐酒在世界各地的超市里普遍存在，价格低廉，大多数表现一般。这款酒出自该国的顶级生产商，品质极佳，有着多汁的李子和黑莓果的风味。

Santa Rita 120 Merlot
智利，中央谷
14% ABV $ R

奢侈之选

沿着圣埃米利永，美乐酒在波尔多的波美侯地区达到巅峰，没有其他地方的美乐酒能够比这里的更精彩，这款酒中混合了一些品丽珠，耀眼、芳香而柔滑高雅。这款葡萄酒能让一个糟糕的日子变得很棒。

Vieux Château Certan, Pomerol
法国，波尔多
13.5% ABV $$$$$ R

如果不喜欢美乐酒

如果你已经被一些劣质的美乐酒倒了胃口，那么用饱满、充分成熟的黑品乐葡萄酿制的酒带来的奢华感会让你抛开沉闷的现实。圣茨伯里这款充满阳光的酒会理所当然地缓和压力带来的紧张情绪。

Saintsbury Carneros Pinot Noir, Carneros
美国，加利福尼亚
14% ABV $$$ R

白葡萄酒饮用者的心水

这是法国更南部的阿岱地区的勃艮第酒生产商推出的一款丰满型霞多丽酒。柔和、甘美，没有任何粗糙感，也没有橡木桶陈年的霞多丽酒的木屑味和奶油糖果般的甜味。

Louis Latour
Ardèche Chardonnay, PDO
Ardèche
法国
13% ABV $ W

顶部的酒款最适合这个时刻，同时依据风格、预算，或该两者提供了四个可替换酒款。

对每一款酒，都会对颜色/风格，以及产地作简要介绍，加上可能的酒精浓度和价格。后两者只是作参考，因为酒精浓度可能会发生变化，影响价格的因素也很多。

书中出现的缩写以及价格指示

ABV—酒精含量
R—红葡萄酒
W—白葡萄酒
Ro—桃红酒
SpW—白起泡酒

SpR—红起泡酒
SpRo—桃红起泡酒
SW—甜白酒
SR—甜红酒
F—加强酒

$—低于10美元
$$—10～20美元
$$$—20～30美元
$$$$—30～50美元
$$$$$—高于50美元

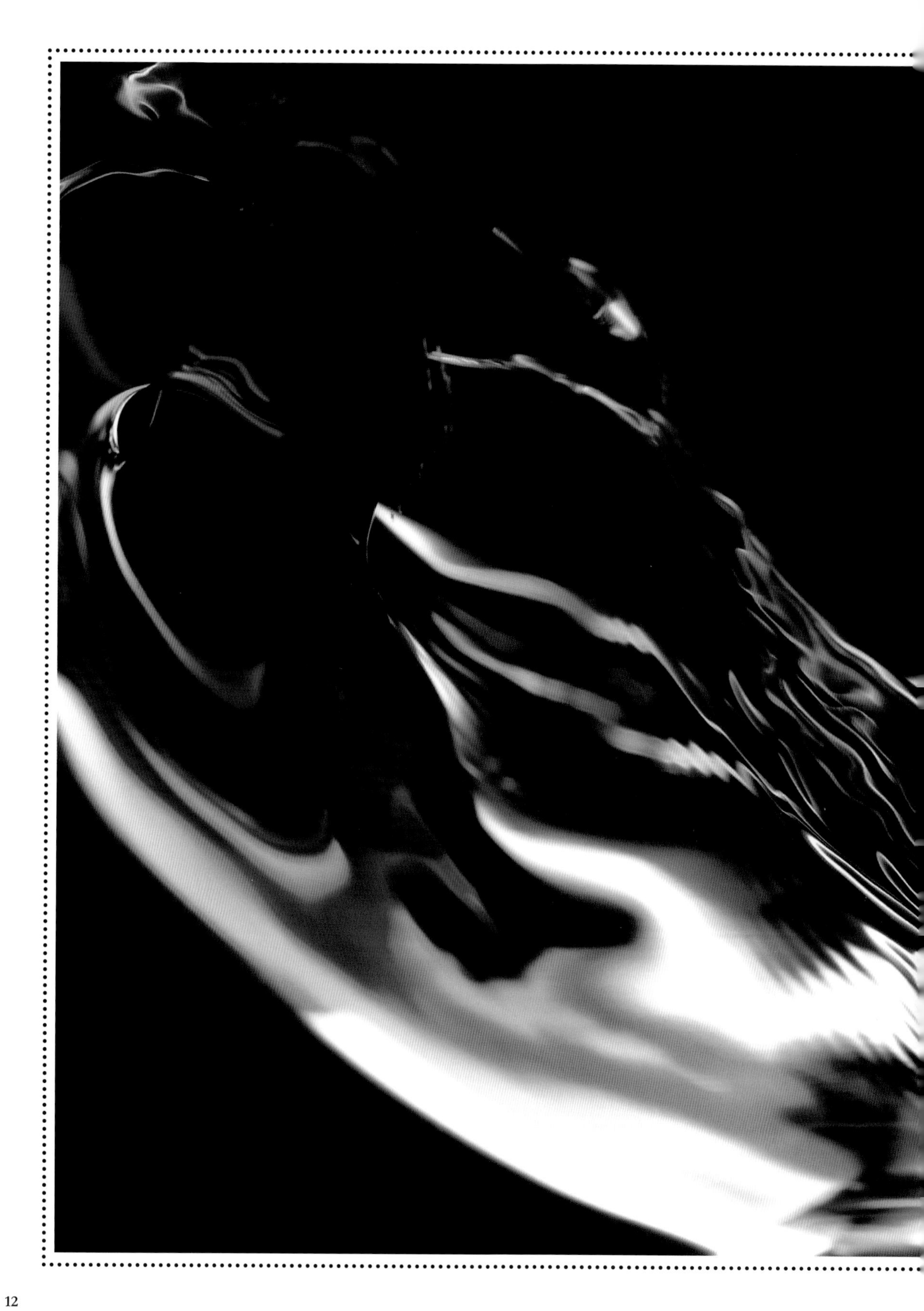

第一部分：100个重要时刻

1 春日

她终于翩然而至。你能感觉得到吗？温暖的空气使人心神荡漾，盛开的花朵和一年中初次修剪的草地将它染成香甜的味道，鸟儿的歌唱和街道中玩耍的孩子们的欢笑声使它变得活力无限；收音机的音乐从打开的窗子中倾泻而出，你在工作时会忍不住吹起口哨。第一个真正称得上春天的日子甚至浸入了你的血脉，精神受到如同触电一般的刺激，寒冬的坚冰在心中融化，心灵开始展开双翅翱翔——这种坚不可摧的情绪带给你舒畅：如同斯特凡·格拉佩利的小提琴曲一般欢快，如同维瓦尔第的曲调一般轻盈。

> “她转向阳光，摆动她金黄的头颅，对邻居低语着：冬日已逝。”
>
> ——亚·米尔恩《水仙花》

当天地万物逐渐复苏，还有哪个时节能像现在一样，让我们感到与自然更加亲近，使我们更加能体会到韵律和情感？在这种日子里，我们只想在室外待着，像激动的傻瓜一样想和这春日融为一体；我们重新爱上了这个世界，而它用翩翩起舞的蝴蝶来回馈我们。多希望我们能够捕捉到这种情绪，把它装进瓶子里，留作黑暗困难时期之用。这可能吗？好吧，有些人有时候能做到近似的事情。一些葡萄酒商酿出的葡萄酒似乎确实是为了表达对于春季的喜悦之情。这感情就包含在它们的气味和芳香之中：花朵、青草以及幼嫩的果实，使你体会到春日的感受，充满的能量，带来生活之乐。是的，它们能在舌尖上跳跃和舞蹈。

FRANÇOIS COTAT SANCERRE CAILLOTTES

产地：法国，卢瓦尔，桑塞尔
风格：脆爽型干白
葡萄品种：长相思
价格：$$
ABV：13%

在优质的环境下，法国卢瓦尔河谷的桑塞尔坚硬的白垩类石灰石土壤中，长相思生长得极好。相比新西兰马尔堡所产的葡萄酒，这款酒中热带水果和醋栗的味道更淡一些——它的香气比马尔堡酒品更加悄然，更加新鲜，更加硬朗，也更加爽利。这款酒格外优雅，也同样充满着活力；有着矿物石的味道，伴随着柑橘、荨麻、青草以及鲜花的气息。如果这些华丽的辞藻无法使你理解，那么简单地说，这款酒有着生机勃勃的爽利而新鲜的口感。

配餐：你可以带上一瓶到室外，搭配一根法式长棍面包和乳脂丰厚的羊奶乳酪（例如法国哥洛亭达沙维翁奶酪）来享用——这是一种传统而地位稳固的葡萄酒配餐方式；你也可以用烟熏鲑鱼或者简单处理过的美味白鱼来和它搭配，例如柠檬鲑鱼或是多佛比目鱼。

融春

正如这款葡萄酒令人愉悦的名字所显示的那样，它有着微妙而难以捉摸的芳香和气味，是来自法国阿尔卑斯山地区萨瓦省的清淡的干白酒。酿造的原料是贾给尔葡萄，这种葡萄是地区特有的品种，它的魅力在于花果香气和隐隐约约的柑橘气味，而且纯粹得好像山间的溪流。

Domaine de l'Idylle
Cuvée Orangerie
法国，萨瓦省
12% ABV $$ W

对，这就是春季

这是一款口感较为清淡的红葡萄酒,用产自法国北部罗纳谷地、生物动力办法栽植的西拉葡萄酿造而成。适合大口大口地痛饮，而不是沉思时啜饮。它有着颇具地方特色的经典黑胡椒气息，以及花朵香气和多汁的黑色果实的味道。

Dard & Ribo
C'Est le Printemps
法国，克罗兹·艾米塔吉
13% ABV $$ R

一款浓郁的春日白葡萄酒

果实、芳香以及口感都更为率真，有着梨子、温桲和杏子这些熟透了的多汁果园水果味道。这是一款来自受澳大利亚影响的意大利东北部的葡萄酒，有着矿质清凉感，使人们的情绪在逐渐温暖的春日变得更加和谐而焕然一新。

Cantina Terlano Pinot Bianco Vorberg Riserva
意大利，上阿迪杰
13.5% ABV $$$ W

春季四重奏

灵动，低酒精度，小房酒风格的半干雷司令酒，产于德国摩泽尔谷地，它在葡萄酒中就等同于莫扎特轻快的“春日”弦乐四重奏。海格酒庄的产品基准就是要有生机勃勃、口感华丽的吸引力，就像是贝多芬的“欢乐颂”一样，使你忍不住跟着它轻声哼唱。

Fritz Haag
Brauneberger
Riesling Kabinett
德国，摩泽尔
7.5% ABV $$ W

2 初次约会

初次约会的尴尬之处在于该如何展示你自己。你要展示给对方的不（仅仅）是你在大学里打一垒二垒的感受等等，你要展示的还有你自己的品味、个性，以及你的缺点。在这个特定的情景中能做到游刃有余也是一种艺术，这需要一些专业的技能。你想要显示你对某样事物有兴趣，甚至是热情，但是你应该并不希望这热情看起来像痴迷的狂热：你最好暂时隐瞒一下你收集的30 000多张（而且这个数字还在持续攀升中）棒球卡片，简单地说一句“我喜欢棒球”就好了；你最好不要打扮得像20世纪80年代的微金属风格，而是告诉对方“我仍然时常会放上一遍邦乔维的老旧黑胶唱片”。在用餐点葡萄酒时也要遵照同样的原则。不要点那些极端的种类：不要太酸的，不要单宁含量过高的，也不要那些有稀奇古怪气味的品种；不要太昂贵也不要太廉价；你只需要一款易于入口而个性十足的酒，来暗示你喜欢而且懂得葡萄酒，但并不是个狂热的酒鬼，也不是在炫耀。新西兰是最能够满足这些需要的国家：从整体上来说，新西兰所产葡萄酒的级别很高，而它们对于新手和内行品鉴家都一视同仁。事实上，它们是非常稳妥的选择，同时味道也很出色。细想起来，它们或多或少地传递了些许你想要表达的有关你自己的信息。

“酒会给你勇气，令人更富激情。”

——奥维德

SERESIN ESTATE PINOT GRIS

产地：新西兰，马尔堡
风格：浓郁型白酒
葡萄品种：灰品乐
价格：$$$
ABV：14%

长相思使新西兰在国际上享有盛誉，同时它也在这个国家的葡萄酒生产中占领着统治地位，就像黑品乐在红酒中所占的地位一样。不过在初次约会时，你应该不会想要表现得太过明显，这个国家还有许多其他品种值得一试。意大利北部的人们用灰品乐酿造出口感爽利轻盈，偶尔也显得较为中性的白酒。新西兰人从法国阿尔萨斯酿造商那里得到灵感，用这种葡萄来酿造丰满、高深度葡萄酒。这种酒有独特的辛辣口感，伴随有淡淡的甜味。这是一款半干型白酒，有着榅桲、红苹果以及梨子的丰富口感：它可以使你的口腔得到满足，但不会显得过于霸道。

配餐：这款酒和以下几种食物特别搭：黄油烤鸡、苹果猪排，或者，如果想为它的味道中增加一点香料或甜蜜，可以加上一些略微加热的咖喱。

奢华型选择

新西兰的品丽珠并不多，这种红色葡萄最适于生长在法国卢瓦尔河谷。这款美妙绝伦、香气扑鼻的中等型红酒以它微妙的紫罗兰气味、红色果实的芳香以及绿叶般的清新证明了，新西兰应该有更多的品丽珠。

Pyramid Valley
Howell Family Vineyard
Cabernet Franc
新西兰，霍克斯湾
12% ABV $$$ R

破冰的酒泡

初次约会时就饮用起泡酒是不是太早了点儿？这种担心是不必要的。一句轻松的“来点香槟吧”就可以帮你打破两人之间的坚冰。而这款酒相当的出色。它的制造者是酿造新西兰膜拜酒——云雾之湾长相思的酿酒厂。这款酒细腻美味，有着如同香槟般的外观。

Cloudy Bay Pelorus NV
新西兰，马尔堡
12.5% ABV $$ SpW

配红肉饮用的酒

也许再没有一款比西拉更适合用来搭配胡椒牛排的酒了。酒中带有胡椒、泥土以及肉味。推荐的这款来自新西兰最适宜葡萄生长的地区——霍克斯湾，还带有覆盆子和黑莓水果味。

Mission Estate Syrah
新西兰，霍克斯湾
13% ABV $$ R

低酒精度的选择

微甜，因为新鲜酸度的存在，这甜味细微得让你甚至察觉不到。这款雷司令酒的灵感来源于德国，由一对医生经营的酿造厂制造而成。它灵动而轻盈，有着花朵和核果的芳香。

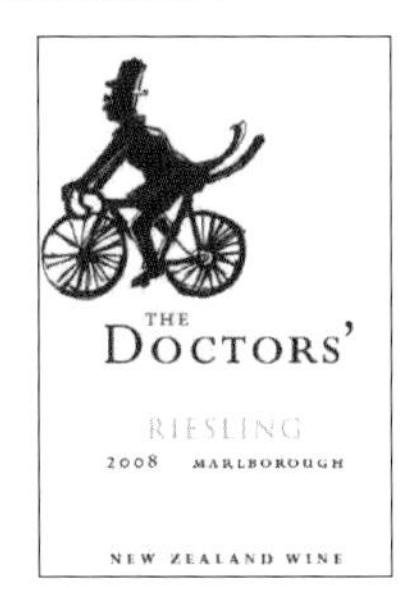

Forrest
The Doctors' Riesling
新西兰，马尔堡
8.5% ABV $ W

3 春节

在中国的日历上，迎接新一年到来的春节是最重要的节日；在世界其他地区，它也是一个举行聚会的绝佳理由。按照传统，节日在新年的第一轮新月升起前夕伴随着宴会开始，以元宵节结尾。民众通常会在元宵节游行，以纪念新年中的第一次满月。就像西方的圣诞节一样，春节前夕和春节当天对于中国人来说都是家族色彩极其浓厚的时刻，是一家人聚集在餐桌边享用一顿美餐，并且关心生者、怀念死者的时节。餐桌上的饮食随着地区的不同而有很大差异，但也存在一些普遍的元素和菜肴。其中多数食物之所以会出现在春节餐桌上，靠的不是它们的美味，更多的是由于它们的象征性寓意。例如，鱼会在所有的年夜饭中登场，因为在中国的普通话里，鱼这个字听起来和“余”谐音。同样的道理，年糕谐音“年年高升”，中国人相信：一个人站得越高，他的事业就越繁荣。

“酒逢知己千杯少，
话不投机半句多。”

——中国传统谚语

DOMAINE ZIND HUMBRECHT HENGST GEWURZTRAMINER

产地：法国，阿尔萨斯
风格：半干型白酒
葡萄品种：琼瑶浆
价格：$$$
ABV：12%

年夜饭中汇集了众多的情感、香气、口感，以及不同程度的甜蜜，从中国传统意义上来说，一切都为这一顿盛宴服务。为这顿饭挑选合适的酒是一个严峻的挑战，你需要找到一款万能的葡萄酒来与之搭配。

配餐：这款葡萄酒来自阿尔萨斯地区最出色的酿造商之一——辛特·鸿布列什庄园，它的含糖度足以满足人们的要求：要有足够的甜度，偶尔还要穿插着火热辛辣的气息。它还包含有足够的酸度，能够解除肉类和油炸饺子的油腻，同时它还有一种丰富的辛辣香气和花香（生姜、荔枝、麝香和玫瑰），这些气味和谐而相称地聚集在一起，散发出东方的气息。

经济之选

在实际生活中，许多富含单宁的红酒并不能和中餐的香气以及甜味完全搭调。不过，如果你是一位红酒爱好者，那么这款桃红酒就是第二佳的选择了，它味道浓郁而颇具冲击力，有着少许的甜味和令人心花怒放的草莓果实气息。

Finca Las Moras Shiraz Rosé
阿根廷，圣胡安
14% ABV $ Ro

非传统性选择

大部分人认为雪利酒是加强酒，适于作为餐前酒小口啜饮，然而它也可以和食物搭配得极其完美。这款劲头十足的酒是一个可以用于搭配中餐的极好的例子，其薄荷味十足，还带着令人兴奋的强烈的核桃和无花果味道。

Lustau Almacenista Obregon Amontillado del Puerto, Sherry
西班牙
11% ABV $ W

用酒泡来庆贺

一款出色的起泡酒，灵感来自香槟曾经在中美关系中扮演过重要角色：在1972年北京的“和平祝酒”中，理查德·尼克松总统喝的正是它。这款酒由百分之百霞多丽葡萄酿造而成，口感饱满丰富而令人感觉舒适，带有极其优雅的慕斯味道以及纯净新鲜的酸度。

Schramsberg Blanc de Blancs
美国，加利福尼亚
12.9% ABV $$$ SpW

真正的中国制造

在过去十多年的时间里，中国的确获得了葡萄酒酿造的真传，酿造出了一些越来越有趣的酒。这款口感清新而充满果实气息的白葡萄酒用德国葡萄品种雷司令酿造而成，有着恰到好处的酸橙气息和热带花朵芳香，足以用来搭配一盘春节的鱼类菜肴。

Domaine Helan Mountain Premium Collection Riesling
中国，新疆
11% ABV $ W

4 情人节

不管你的约会对象是60岁的丈夫，还是初次约会的恋人，这都无关紧要。将你对煽情贺卡的厌恶放在一边——那些市售的多愁善感矫揉造作的粉红色卡片，在情人节的那天挂得到处都是。现在可不是发表玩世不恭的尖刻论点的时候，这是充满旧式温馨浪漫的美好时光。所以，当你额外喷上一点刮胡水或香水以期为自己带来好运，当你哼着《月色撩人》的主题曲“That's Amore”的调子，套上自己最显露身材的裙装或剪裁最得体的短袖，你就决定了，今夜你所点的葡萄酒要非常浪漫，滴水不漏。从标签上的名字到瓶中酒的色泽和香气，都要充满性感的诱惑力，就像你一样（至少在今晚）。

“请你用眼神和我干杯，我一定会同样回敬你；或在杯中留下吻，我将不再把酒寻觅。”

——本·琼生《西丽娅之歌》

LOUIS JADOT CELLIER DES CROS SAINT-AMOUR

产地：法国，博若莱
风格：芳香型红酒
葡萄品种：佳美
价格：$$$
ABV：12.5%

在博若莱地区，有十个村庄或酒庄的名字可以被印在酒的标签上，而圣爱村是其中最小的村落之一。事实上，它的名字源自一位叫做"Saint Amateur"的罗马士兵，他改换信仰，皈依了基督教，并且在这一地区成立了一座修道院。当地的葡萄种植者们拿这个名字给人的联想来大做文章，并且在2月14日这天，它还是全法国餐厅里情人节菜单中的必定酒款。这款由极负盛名的路易亚都酿造的酒确会催生浪漫：想想看，丝滑的口感，樱桃以及玫瑰气息。

配餐：这款酒称得上是一位真正的绅士，它是厨房中的"外交官"，从耐人咀嚼的鱼（金枪鱼）到白肉和红肉，甚至连一道质朴的本地菜，比如浇有格鲁耶尔奶酪的牛肚，都能与它搭配得天衣无缝。但是，就像其他所有干型葡萄酒一样，它也有自己的底线：它可不能用来搭配甜点或情人节巧克力。

闹市街头的浪漫选择

从充满B级片风格的标签到瓶中装得满满的滋味十足的红葡萄酒，这一切都暗示着它是为这样的人们准备的：相比较心机重重地用眉尖一挑来慢慢吸引对方，他们更偏爱热情奔放的大胆表白。如果将它比作一部浪漫电影，那一定会是《真实罗曼史》，而不是《金玉盟》。

Some Young Punks, Passion Has Red Lips Cabernet/Shiraz
澳大利亚，麦克拉伦谷
14% ABV $$ R

住在城外的浪漫选择

Les Amoureuses——这个词语翻译过来就是"爱侣"，是位于尚博·穆斯尼的一个特殊的葡萄酒村庄中一座特殊的葡萄园。雅克·弗雷德里克·慕尼耶所酿造的酒既深厚强劲又轻快优雅——它是葡萄酒中的莎士比亚十四行诗。

Jacques-Frédéric Mugnier Chambolle-Musigny Premier Cru Les Amoureuses
法国，勃艮第
13% ABV $$$$$ R

与小提琴和玫瑰同行

这款酒的瓶子放在20世纪70年代浪漫迷你剧中的闺房里也不会显得突兀。瓶中的酒是由莫斯卡托葡萄酿造而成，有着类似的甜味，香气特征并不一定适合每个人，但它的确是草莓甜点的完美搭档。

Bottega Petalo Il Vino dell'Amore Moscato
意大利，威尼托
6.5% ABV $$ SpW

粉红起泡酒

世界上大概没有哪个餐馆或葡萄酒零售店在情人节这天不推出粉红香槟。像碧尔卡-莎蒙这样优雅而散发着红浆果气息的葡萄酒，它的诱惑是令人难以抵御的。

Billecart-Salmon Brut Rosé NV
法国，香槟
12% ABV $$$ SpRo

5 周末夜晚

立体声播放器中，比吉斯乐队正在演奏他们乡村爵士乐风格的迪斯科音乐。镜中的你身着新装，显得神采奕奕。这是周五的夜晚，节奏明快，魅力迷人，就像《红磨坊》中把腿踢得高高的舞蹈一般。你感觉自己就像是《周末狂热》中的约翰·特拉沃尔塔，或者像前往54录音室路上的比安卡·贾格尔。直觉告诉你，今夜将成为史诗般美好时刻中的一部分，无论是预感还是事后回想，就好像有一个专属于它的预先写好的脚本一样。今夜将会发生冒险、调情，以及维护世界正义的谈话、自我表白、与超现实主义的碰撞，还有纵声尽情的捧腹大笑——这是一个与工作日的苦差事相距甚远的世界，你将会发现到了周一早晨想要回到工作上去实在是太难了。不过，这些想法可以稍等片刻，因为就在此时你正完全沉浸在周末的气氛里并乐在其中，就像一个在垒上的棒球运动员一样，你已经整个儿投入派对状态了。你听到窗外你的朋友到来的声音，从他们热情的断断续续的闲聊声中，你知道他们正和你有着同样激动的情绪。现在是时候了，拿出你的玻璃杯，打开冰箱，拔去白葡萄酒的木塞——充满活力、精神振奋，让你的周末在“砰”的一声中拉开帷幕。

“没有人在回望过去的时候，会想起一个呼呼大睡的夜晚。”

LIVIO FELLUGA PINOT GRIGIO

产地：意大利，弗留利
风格：芳香型干白
葡萄品种：灰品乐
价格：$$$
ABV：12%

当你读着这些文字时，在某个地方的某些人将要伴着一杯灰品乐享受他们的夜晚。在过去的数年中，这种清爽而利口的北部意大利葡萄酒并不是大多数人的饮酒之选。一般情况下，它的表现平淡无奇。然而在靠近斯洛文尼亚的弗留利东北部的丽斐利维奥却用这种葡萄酿出这样的酒：具有诱人的芳香，成熟热带水果的味道，夹杂有马提尼风味的薄荷以及香料气息，酸度使它仿佛能在舌尖上舞蹈。所以，为了发掘真金白银的佳酿，多走上一两公里也是值得的。

配餐：这款葡萄酒的清新气息可以很好地中和海鲜烩饭的浓郁味道，这样一顿晚餐将会提供给你足够的可以缓慢释放的能量，使你能够在接下来的夜晚中精力十足。

迪斯科果汁

伴随着马尔堡长相思经典芳香气息的还有百香果、接骨木花以及些许番石榴的气息，还带有一点点柠檬柑橘风味的活力。多吉帕特的杰作能够很好地取悦大众，使人情绪高涨，精力充沛，正如唐娜·沙曼那激情演唱“我感觉到爱情”。

Dog Point Sauvignon Blanc
新西兰，马尔堡
13.5% ABV $$ W

踏着华尔兹舞步进入周末

绿维特利纳是奥地利土生土长的葡萄品种，而且几乎很少在别处生长。用这种葡萄酿造的酒有着一种独特的白胡椒香气，完美衬托出了梨子和苹果的芬芳，使这款酒成为干白中一首轻松优雅、生机勃勃的施特劳斯华尔兹舞曲。

Domäne Wachau Terrassen Grüner Veltliner Federspiel
奥地利，瓦豪
12.5% ABV $ W

一曲动感十足的拉丁热舞

眼睛能看到它浅红的色调，鼻子能嗅到它优雅的香气，口腔能感到它富有冲击力的成熟果实的味道，带着清爽酸味以及完美细腻的气泡。无论从品质上还是调动情绪的能力上来说，这款西班牙桃红起泡酒都足以和香槟媲美。

Raventós i Blanc de Nit Cava
西班牙
12.5% ABV $$ SpRo

傍晚派对的红酒

夕阳西下，霓虹灯在召唤着，有一瓶味道较淡的红酒，有着水银般的质感，最适于用来烘托激动无法平息的情绪。它来自位于西班牙西北部加利西亚的名声日益高涨的里贝拉·萨克拉，用门西亚葡萄酿造而成，有着令人愉悦的丝绸般的口感和芳香的气息。

Guímaro Tinto Ribeira Sacra
西班牙，加利西亚
13% ABV $$ R

6 复活节

复活节是一个属于家庭的节日，这一点对于投身基督教的教徒和坚定的无神论者来说都是一样的。庆贺节日的主要活动就是全家人围坐在一起吃上一顿饭。在世界上的大多数地区，这顿饭传统上是烤羊肉，映射其中的是基督徒以及世俗之人的生活。对于欧洲中部和东部的基督徒来说，羊肉是一个极富象征性的符号，它代表着上帝的羔羊；而对于世人来说，新春的第一批新鲜羊肉和无神论者们庆贺冬季之末的庆典有着更为深远的联系。对于复活节彩蛋的说法也大致相同：它们是基督重生的象征，同时，对于世人来说，它们也代表着春季带来的富饶。接下来登场的就是葡萄酒了：无论你信仰如何，它都是基督教故事和春季的酒神仪式的必不可少的元素，同时也是复活节的重要组成部分。烤羊肉（或者美国人的最爱——煮火腿，二选一）需要搭配中等酒体的红葡萄酒，比如波尔多和里奥哈所产的红酒，再有些年头就更完美了（5~10年，或者更老），长期的窖藏会使得它们口感更为柔滑，变得更加芳香可口，有着近似于肉类的温柔芳香和质感。

“我喜爱复活节的甜蜜时光，它让绿叶和花朵萌发。”

——伯特朗·德·菩恩

FEUDI DI SAN GREGORIO LACRYMA CHRISTI BIANCO

产地：意大利，坎帕尼亚大区
风格：浓郁型干白
葡萄品种：混合
价格：$$
ABV：13.5%

当然，它的名字是一大亮点：还有比一瓶叫做“耶稣之泪”的酒更适于复活节的酒吗？事实上，它的名字的来源与生长在意大利南部坎帕尼亚维苏威火山那布满熔岩的斜坡上的葡萄有着很大关系。一种说法是耶稣在升入天堂时为那不勒斯海湾的美丽而落泪；另一种观点则认为，耶稣是为了路西法从天堂坠落而哭泣。还有一个更遥远的本地神话故事，可以追溯到更加古老的时代。在这个版本里，酒神巴克科斯喜悦的眼泪为维苏威斜坡带来了葡萄。不管你偏爱哪个版本的传说，这款福地酒庄在斜坡上酿造而成的混合型白葡萄酒在今天都值得一试，即便没有这些动人的传说也无关紧要。这是一款口感圆滑充实的干白，有着表现力极强的甜蜜热带水果的芳香，使人心神荡漾的柑橘酸度，以及令人垂涎的矿质感。

配餐：搭配复活节晚餐的烤家禽或是耶稣受难日的复活节鱼来享用这款酒吧！

用来搭配羊肉的经济型选择

不知何故，传统里奥哈酒的醇厚芳香和质感——暗红色和黑色水果、花生和芬芳的皮革气息，柔滑温和的单宁，与鲜嫩的粉红色烤羊肉有着许多共同点。在同一价格层次上，很少有一款酒能与蒙特稀洛酒庄的古典窖藏酒的品质相提并论。

Montecillo
Rioja Reserva
西班牙
13.5% ABV $ R

配餐羊肉

波尔多的红酒和羊肉是一对传统搭配，红酒单宁紧实，酸度明快，而羊肉口感肥嫩，香气扑鼻。在价格仍然紧密追随官方分类定价的地区，排名较低而品质较高（而且美味可口）的忘忧堡酒庄所酿造的红酒是性价比最高的红酒之一。

Château Chasse-Spleen,
Moulis en Médoc
法国，波尔多
13.5% ABV $$$ R

巧克力蛋的绝妙搭配

复活节是属于巧克力的时节，它以各种形式出现在人们的餐桌上：巧克力蛋、巧克力兔或甜点。很少有红酒能将力度和甜度结合得很好，成为巧克力的绝佳搭档。然而这款甜蜜的加强红酒——法国南部用它替代波特酒，符合这样的要求：它有着浓郁但仍然不失清爽的口感，混合有无花果、枣以及干樱桃的馨香。

Domaine la Tour Vieille
Banyuls
法国，鲁西荣
18% ABV $$ F

一款神圣的酒

“Vin Santo”的含义是“圣酒”，虽然从严格意义上来说，这个名字指的是一款在希腊圣托里尼岛上酿造而成的甜红酒。人们将白葡萄收获后，把它们放在稻草垫子上，晒上两周，以此来使糖分集中。酒酿成后装入酒桶，窖藏六年。最终酿成甘美浓厚、略有嚼劲、适于在复活节前周饮用的甜酒。

Hatzidakis Vinsanto
希腊，圣托里尼
12.5% ABV $$$ SW

7 相亲

并非每一个参加相亲的人都是为了寻找另一半。新认识一个人，与之闲聊，以及试着拼凑出对方的背景和爱好，仅仅这些都会有很多乐趣。而这一过程像极了品酒中的“相亲”——盲品。在盲品时，葡萄酒的身份、产地以及价格都是被隐藏起来的。对于专业购买葡萄酒的人来说，这样做有一个重要目的：相较于靠品牌来挑选葡萄酒的做法，盲品可以获知更为真实的葡萄酒的品质。这个过程会很有趣，它就像一个猜谜游戏，使人的大脑和感官同时忙碌起来，并且可以用它来打破在餐馆中进行的一场相亲的僵局。让负责斟酒的服务员为你倒酒，告诉他：请将五种葡萄酒分别倒入五个小杯子里，让我作一下比较。有可能是五种由不同品种的葡萄酿造的白酒或红酒，或五种用不同地区的同一品种葡萄酿造的酒，或五种用同一地区同一品种葡萄、不同的酿造商酿造而成的酒。要记住，正如相亲一样，盲品只有在下面这种情况下才会发挥出它最佳的效果：你不把它看得过分严肃，而且你已经做好了出洋相的准备。

“什么是探索？就是一场充满智慧的相亲。”

——威廉·亨利

WARWICK ESTATE THE FIRST LADY UNOAKED CHARDONNAY

产地：南非，斯泰伦布什
风格：果香型干白
葡萄品种：霞多丽
价格：$
ABV：14%

霞多丽酒是盲品中的重要主题，因为霞多丽葡萄在世界各地以许多不同方式酿造成酒，香气和口感取决于天气和种植葡萄的土地，以及酿制方式。种植在著名的南非斯泰伦布什地区中充足阳光下的霞多丽鲜美无比，成就了这款葡萄酒中丰富的熟透果园水果的芳香。不过它是在不锈钢桶中发酵陈酿而成的，因而没有橡木桶中可产生的令人舒适、黄油般的质感。这款酒可以或为探索霞多丽特有香味的理想起点：品尝的是果实的味道，而不是酿酒的容器。

配餐：这款酒和鸡肉搭配真是天作之合，不过它和白鲑鱼的搭配也令人十分愉快。

简洁、硬朗型酒

在由霞多丽酿造的酒中，这款酒是属于第二阵线的种类，正如渥尔维克庄园所酿的酒一般，没有橡木味，却有着与众不同的口感。在温柔的青苹果香气之下隐藏有咸味、质感硬朗，简直称得上鼓舞人心。它是由法国勃艮第北部的夏布利地区的白垩土以及凉爽的气候造就的恩物。

Domaine Brocard Chablis
法国，勃艮第
12% ABV $$ W

小桶陈酿

地理位置发生了一点点微小的改变，在勃艮第地区稍微再偏南一点。在这款珍贵的霞多丽酒中，橡木对酒的影响是最重要的差异。它有着乳脂状的质感，更加芳香开胃的口感，以及伴着尖锐酸度的果仁味。

Domaine Jean-Marc Pillot Bourgogne Blanc
法国，勃艮第
13% ABV $$ W

更温暖的气候

美国的酒大多酒体大而丰满，这款霞多丽酒仍然使人感觉到比之前版本的葡萄酒有更为丰富的口感和成熟果实气息。产自加利福尼亚的温暖阳光下，以橡木桶陈年发酵。酒中所包含的柠檬柑橘类的刺激味道使之格外清新。

Waterstone Carneros Chardonnay
美国，加利福尼亚
13.5% ABV $$ W

带有气泡的霞多丽酒

将霞多丽酿成起泡酒喝起来会如何？我们终于有机会一试了。起泡酒这种类型的酒以“白中之白”的香槟闻名于世，而在这里它被改写了。这款酒同样来自渥尔维克庄园，有着法式蛋糕和烤面包香气，这种香气和窖藏时瓶中的酵母菌有着密不可分的联系。

Villiera Brut Natural Chardonnay
南非，斯坦陵布什
11% ABV $ SpW

8 母亲节

在母亲节，许多人都会选择葡萄酒作为礼物。但是，由于每位母亲都有她自己的性格和品味，因此要找到单独一种可以适用于这种场景的酒可不是件容易的事儿。找到与另一种作为母亲节礼物的东西——巧克力相配的酒款，也许是一个解决办法。然而这也并不像听起来那么简单。因为有那么一些食品经常会登上杂志和葡萄酒指南的“不可能的食物搭配”清单，而巧克力就是其中之一。巧克力的甜蜜口味首先就把干红和干白彻底排除在外了。一般而言，如果食物比搭配的葡萄酒还要甜，那么酒的苦味会显得尤其突出；或者，如果是口味比较淡的酒配上甜味较重的食物，那么酒的芳香就会荡然无存。巧克力纯粹而强烈的甜香味会随着可可含量的逐步增加而不同。无论可可含量如何，它都有能力压过大多数葡萄酒的味道。分别品尝起来都很美味的巧克力和葡萄酒其实都有着不同类型的苦味，如果把它们放在一起吃就会产生冲突。一种与众不同的搭配方式：许多类型的波特酒都有着固定的浓郁果香和笼罩着果香的甜蜜味道，就像法国莫利和巴纽尔斯地区出产的酒。如果这些类型的酒对你来说显得有些烈了，那么你可以转而送些花，这比巧克力更好，那就可以只是简单地选择一支花香型的干红、干白或起泡酒。

“母亲的心是一道深渊，在其底部你会永远找到宽恕。”

——巴尔扎克

WARRE'S OTIMA 10 YEAR OLD TAWNY PORT

产地：葡萄牙，杜罗
风格：甜型加强酒
葡萄品种：混合
价格：$$
ABV：20%

不要通过一瓶葡萄酒的标签来对它下定论。如果一切都已准备得妥妥帖帖，而所选择的葡萄酒却拉低了整体档次，那真是够尴尬的。在一个不太熟悉的产区依照包装来选酒会比较冒险（尽管这些传统波特酒瓶大部分几乎都因为不事雕琢而充满魅力），华莱士珍藏系列酒那时髦而富于极简派艺术风格的清澈玻璃瓶是个出色的例外。更重要的是，里面装的酒——这个优秀而古老的酿造者所生产出的酒一向如此，令人颇为震撼：木桶陈酿时间达10年的混合酒，比许多波特酒都要淡一些，口感浓郁，有着红色和黑色干果的味道，以及萦绕的水果蛋糕香气。

配餐：强劲而甜蜜的波特酒是为数不多的能和巧克力搭配的葡萄酒之一，至于选择什么风格，要以巧克力的可可含量和甜度，以及所添加的其他香料而定。

巧克力伴侣

这种甜蜜的加强型葡萄酒是在临近里斯本的塞图巴尔用麝香葡萄（莫斯卡托）酿造而成的，它不像葡萄牙传统的波特酒和马德拉酒那么知名，但是它们都有着相似的能与巧克力搭配的深度和醇度，还有着芳香扑鼻的果实气息。

Bacalhôa Moscatel de Setúbal
葡萄牙
17.5% ABV $$ F

飞溅而出

雅宴本身也是优秀的制酒者，现在由更为知名的博林格所有。而这款桃红酒混合了霞多丽和红色黑品乐以及莫尼耶，有着诱人的慕斯、草莓和红浆果的香气，显得格外亲切优雅，是适合母亲的一款佳酿。

Ayala Rosé Majeur Brut NV Champagne
法国
12% ABV $$$ SpRo

一支以鲜花代言的干红

阿根廷的黑品乐并非举世闻名，传奇的托斯卡纳葡萄酒西施佳雅创始人的孙子经营的巴塔哥尼亚酿造厂，向人们展示了黑品乐在这个国家的凉爽气候中会有多么出色的表现：它是如此的美丽优雅，如花似锦。

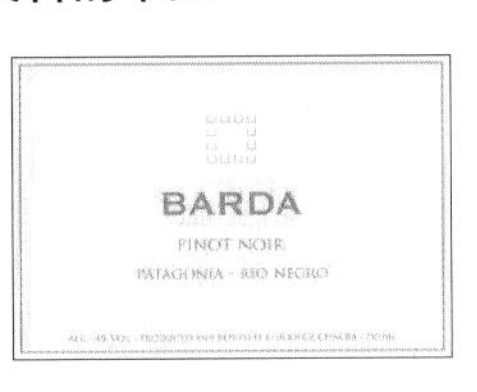

Bodega Chacra Barda Pinot Noir, Río Negro, Patagonia
阿根廷
12% ABV $$$ R

一瓶干白作为礼物

这是一款引人注目的纯粹而芬芳的干白，它来自一座顶级葡萄园，由一家阿尔萨斯的小型家庭经营公司酿制而成，有着麝香葡萄花朵般的香气，加上茴香和莳萝的草药味道，以及清新的柑橘气息。可以马上饮用，不过如果你的母亲乐意，她也可以将它储藏上几个年头。

Dirler-Cadé Saering Grand Cru Muscat
法国，阿尔萨斯
13% ABV $$$ W

9 求婚

几周以来你一直在思考着如何来完成这件事。现在，你开始想知道是否自己应该少一点不由自主。你做了电影里的人们做的事情，一次又一次地转向镜子，演练你早就准备好的台词，又马上把自己全盘否定掉：无论你说什么都显得不太对味，你就是不如自己所希望的那么有魅力，而且你开始感觉到紧张的情绪在逼近。或许这就是重点：求婚本身就是一种测试；如果你打算让自己大笑着走出房间，嗯，这样的事情是永远不会发生的。问题就在于你热切地渴望自己能够做到——更加有领导魄力，更加温文尔雅，更加有卡里·格兰特或者凯瑟琳·赫本的气质。虽然你还不太清楚剧情的发展或最终结果，但是至少你明白自己能够把控场面。你已经在自己所能负担得起的最好的饭店定好了周末的位子；你已经侦察到了最具罗曼蒂克情调的地点。所有这一切已经准备停当，余下的就只有葡萄酒的选择了：你需要这样一瓶酒，它装满了浪漫和魅力，但同时也会有那么一些非传统的因素——耀人眼目，富于异国情调，充满感性。处于最佳时期的维欧尼正如你希望的那样，令人无法抗拒。

“男人们总是难以理解，为什么一个女人绝不会拒绝求婚。”

——《艾玛》中艾玛对奈特利先生说的台词（简·奥斯汀著）

DOMAINE DE TRIENNES VIOGNIER

产地： 法国（瓦尔地区餐酒）
风格： 芳香型干白
葡萄品种： 维欧尼
价格： $$
ABV： 13%

维欧尼是一种狡猾的葡萄，很难对付。它需要一点阳光和温暖来达到适合的成熟度，然而如果酿造者不够小心的话，这种葡萄在口中的感觉就容易变得令人腻味而毫无吸引力，显得无精打采，成为一瓶有着过浓香味的灌装桃子果浆。勃艮第最受尊敬的两个生产商的合作成功避免了风险，酿出的酒有着维欧尼的标志性强烈芳香，忍冬、白桃以及杏子的气息，口感重而丰满，同时也十分活跃，为味蕾带刺激，带来令人难以抵抗的快感。

配餐： 这款维欧尼干白成熟而圆润，美轮美奂，几乎不需要搭档来衬托它的完美。但如果你想在晚餐时刻求婚，那么建议你或许可以从味道浓郁的菜肴里选择，包括猪肉、鸡肉或肉质肥厚的鱼类，例如比目鱼或者鲈鱼。

经济型选择

在过去的几十年中，在法国最大、最具实验性质的葡萄酒产区——朗格多克-鲁西荣，维欧尼已经成为流行的葡萄品种。罗伦米克酒庄以其显著的牢不可破的品质为其他酒庄树立了榜样，由其酿造的这款酒，有着均衡奢华甜杏口感以及爽利的柑橘类芳香。

Laurent Miquel Nord-Sud Viognier, IGP Pays d'Oc
法国
13% ABV $ W

不惜重金的选择

在维欧尼的理想家园——法国北部的罗纳谷地，以格里耶酒庄这一品牌冠名的酿酒厂仅有一家。该厂现在由一位亿万富翁经营，他是波尔多地区最为传奇的拉图酒庄的经营者。这家酿酒厂只酿造维欧尼酒，风味复杂，混合有水果和花朵的芳香，活力十足。

Château Grillet
法国，罗讷
13.5% ABV $$$$$ W

掺有维欧尼的红酒

罗讷北部罗第产区的生产者有这样一种传统：他们在西拉葡萄酿制的红酒中混入一点维欧尼，以提升香气和色泽。许多顶尖的澳洲酿造商从中得到了启发，使用同样的手法来为酒增色。这款奢华而强有力的红酒就是其中一个令人愉悦的例子，充满爆发力，带紫罗兰香气的黑色果实味。

Yering Station Village Shiraz/Viognier
澳大利亚，亚拉河谷
14.5% ABV $$ R

一款意大利替代品

图福格雷克是意大利南部坎帕尼亚山区地带的一个白葡萄品种，有着优良维欧尼的一些品质。就这款酒而言，它带给人们的是花朵和果园水果（木瓜、桃子）的双重芳香享受，还有些坚果气息，口感浓郁而优雅，入口有着明显的柑橘味道。

Terredora Loggia della Serra Greco di Tufo
意大利，坎帕尼亚
13% ABV $$ W

在牛排馆

在一块烹饪得当的牛排中，火、铁与泥土这些元素的组合带来极大的乐趣，再没有比这更强烈、更单纯的乐趣了：在冒着烟的烤架上，一块牛排的表面被吓人的热量烘焙得焦香松软，入口即融，几乎有着豆腐一般的质感；渗血的内部搭配着松脆的炸薯条——如果没有这些炸薯条，这牛排的口感就会大打折扣了。许多地方都可以订购到极品牛排——从得克萨斯州的T骨牛排，到里昂的牛排薯条；从北非以及澳大利亚的烤肉，到纽约和芝加哥的顶级牛排馆。而牛排渗入饮食文化最显著的国家就是阿根廷。在街边小店，在奢华的饭店，在家庭烧烤（BBQ）中……牛排无处不在，所用的原料来自广袤的平原——远离喧嚣首都布宜诺斯艾利斯的彭巴斯草原，而且经常搭配一两杯当地红酒。怪不得阿根廷人在历史上就一直是世界上红酒的最大消费国之一。这个国家特有的强烈而浓郁的马贝克酒是当地特色菜肴的理想搭配用酒；下一次当你坐在一家经典美国牛排馆中，被方格台布和暗色木质板包围着时，它将成为你的完美选择。

“白葡萄酒像电流，而红葡萄酒看起来和尝起来都像是带有酒精的牛排。”

——罗兰·巴特

PULENTA LA FLOR MALBEC

来自：阿根廷，门多萨
风格：干红
葡萄品种：马贝克
价格：$$
ABV：15%

如果把葡萄酒比作人，那么普兰塔酒庄这款令人愉快的马贝克干红就是“都市美男”：他体型魁梧，但当你接触到他温柔的一面时会发现，他衣着整洁，也不介意喷一点点古龙水。换成酒的语言来说：含有大量的酒精和单宁（或结构），但口感却显得柔滑、果汁感强，充斥着花朵般、混合了紫罗兰和红黑色果实的气息。这是一款马贝克标杆酒，来自种植在高海拔（270～366米）区域的葡萄树。

配餐：当然是牛排了。不过其他经典阿根廷烤肉也可以——肥大的血肠（西班牙血肠）、鸡肉、肾、肝脏等。这款酒同时也有着足够的酸度，可以用来搭配辛辣味的番茄酱。

意大利风味的阿根廷酒

在各地搜寻的葡萄酒酿造者阿尔贝托·安东尼尼在门多萨协助建立这家酒厂。近来有一大批意大利人将他们的经验带给阿根廷酒业。这款酒有着强烈的香味和劲道，还伴随着一丝意大利式的苦味。

Altos Las Hormigas Malbec Reserva, Valle de Uco
阿根廷，门多萨
14% ABV $$ R

不惜重金的选择

这是法国–阿根廷特色的完美结合。菲丽酒庄在酿造马贝克酒方面有着无可匹敌的技艺。它看起来色泽深黑，但优雅、馨香，饱含着夏季布丁果实的香气，来自单独葡萄园。

Achaval Ferrer Malbec Finca Mirador
阿根廷，门多萨
13.5% ABV $$$$ R

在巴黎的小酒馆

经典的小酒馆午餐牛排薯条较之美国牛排馆的同类食品更为轻盈，肉片切得更薄。所选的酒也应该是同样风格的。这款酒由来自凉爽的卢瓦尔河谷枝叶茂盛的品丽珠酿造而成，具有天鹅绒似的果汁般口感，质感酥脆清爽。

Domaine Filliatreau Saumur-Champigny
法国，卢瓦尔
13% ABV $$ R

美式牛排馆

葡萄酒的现代经典纳帕谷解百纳，搭配上烹调界现代经典牛排。柔和的单宁以及成熟甜果味与肉的肥嫩相结合，是经过科学验证的最佳搭档。

Frog's Leap Cabernet Sauvignon, Napa Valley
美国，加利福尼亚
14.5% ABV $$$ R

牛排馆红酒单

牛排或许称得上是美国给予世界烹调界的最伟大的礼物了。烹饪方法非常简单：高品质的成熟牛排加上灼热的烤架。纽约最负盛名的牛排馆之一是曼哈顿的星火牛排馆，在它的红酒单上展示出的正是适合配牛排一起享用的红酒种类：一款真实的“名酒录”，包含纳帕谷解百纳、阿根廷马贝克以及强劲的欧洲南部红酒。

11 野营

正如生命中的大多数事物一样，我们对野营的态度首先取决于它在我们心中所形成的第一印象。在童年的某个时间，你是否曾在一个泥泞的看起来好像湖泊的地方醒来，你最爱的书本和玩具都被毁掉了，帐篷的帆布除了能在狂暴的天空和你湿得不成样子的睡袋之间充当一道栅栏之外，不比一张薄薄的抽纸起到的作用更大。如果你有过这样曾带给你创伤的经历，那么我敢说你会成为以下这类人群中的一个：他们充其量把野营看作是度假最后的无奈之选。但是如果你最早的野营经历中有温和的天气、缀满繁星的茫茫夜空、鸟儿的歌唱以及松枝和木头在夜晚温暖的微风中燃起的火焰气息，或是有浸满了晨露的青草（它们被踩在你人字拖的脚下，触感是如此的舒适）和远处牛儿的哞哞叫声，那么你或许就会认为野营是被施过某种魔法的迷人体验。被带着去野营旅行的红酒应当和这两种极端情况都能珠联璧合。对于排斥野营的人来说，红酒会使他们感到舒适、温暖，而且有助于迅速入眠；而对于睁大眼睛的爱好者来说，红酒的全部意义则在于亲近野外的气息，感受广阔自然世界的氛围。

“所有的自然之物都有绝妙之处。”

——亚里士多德

PÉREZ CRUZ CABERNET SAUVIGNON RESERVA

产生：智利，迈波谷
风格：强劲型红酒
葡萄品种：赤霞珠
价格：$$
ABV：14%

始于智利首都圣地亚哥郊区、一路向上直至安第斯山脉的迈波谷，是智利最负盛名的葡萄酒产区，它是赤霞珠的同义词。这里生长的赤霞珠果肉紧致，有着黑加仑的水果气息。总会有一些人对于露营抱着不情不愿的态度，他们裹在露营椅子上的羊毛毯中瑟瑟发抖，抱怨它不是一张沙发，这款红酒就可以为他们中的任何一位提供援助。而对于那些在野营的火堆旁调好他们手中吉他的弦、热衷野外活动的人们来说，这些红酒带来典型的迈波谷信息，有着薄荷、桉树以及月桂树叶的气息，它们所营造出的氛围简直就像沃尔特·惠特曼的诗篇一般。

配餐：香肠和烤豆子，一罐焖肉，或者刚刚从火堆上的烤架上取下来的一大块肉。

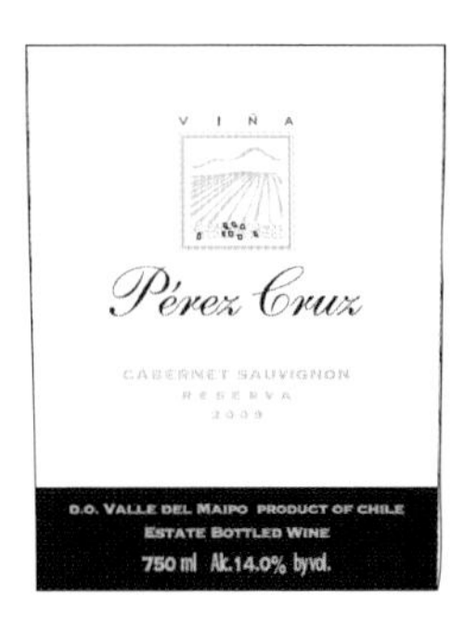

在篝火旁

南非的品乐塔吉葡萄并不总是能够迎合所有人的口味，酒中有着樱桃味泡泡糖和烟灰缸的气息，让人实在爱不起来。不过，从另外一方面来说，这种黑色果实可以酿造出硬朗而富于柔韧性的红酒，改变了这种葡萄灰头土脸的面貌，成为了吸引人的标志，恰似木头燃起的篝火上腾空而起的烟雾。

Bellingham The Bernard Series Bush Vine Pinotage
南非，斯泰伦博斯
14% ABV $$ R

灌木丛的味道

在法国南部支起一顶帐篷，空气中充斥着灌木丛的味道。散发着馨香的灌木丛覆盖着山坡。这款口感柔滑的混合红酒有着橄榄和黑莓的气息，由住在类似山坡上的葡萄园中的荷兰女人酿造而成，它能够完美地唤起人们心中的相似印迹。

Mas des Dames La Dame
法国，郎格多克
13.5% ABV $$ R

在一条溪流旁

这是一款用长相思和当地马家婆葡萄酿造而成的加泰罗尼亚混合酒，适合用来搭配你在那个特殊的早晨亲手抓到的鱼。它颇有分量，而且芳香怡人，有着明快的果实气息和新鲜味道，同时，其中所包含的诸如龙蒿以及茴香之类野香草的气味也令人心旷神怡。

Castell del Remei Blanc Planell, Costers del Segre
西班牙
13% ABV $ W

在灌木丛中

正如智利的迈波谷一样，库纳瓦拉和赤霞珠也紧密联系着。这种葡萄有着极其纯粹的成熟黑加仑的气质，以及一丝代表了澳大利亚特点、微妙的桉树气息。酝思黑标就是这种葡萄酒的标杆。

Wynns Black Label Coonawarra Cabernet Sauvignon
澳大利亚
14.5% ABV $$ R

12 告别单身派对

正如所有与结婚有关的事物一样，告别单身派对也陷入竞争的困扰。一旦新郎和这样一个短暂而疯狂的夜晚联系起来，就会让人感觉与一个堕落放荡的周末别无二致，也可能是一周的时间，最好是去一些异国情调的地方。夸张的情绪带来这样一个机会，使人在可接受范围内来一次不顾形象的疯狂：如果一场单身派对中没有和死亡或法律底线擦身而过，如果一些过火的杜撰故事没有被超越，那么，举办一场告别单身派对的意义又何在呢？当然，告别单身派对的本质并未真正改变，它仍然是男性用于表现自我的一种约定俗成的形式：在酩酊大醉时满口冷嘲热讽地返回上了锁的教室；可以纵情于各种恶作剧、玩笑以及愚蠢举动——会被高中学校的教师们心照不宣地鼓励，但却可以很快为你带来工作中的惩戒意味的说教。在这样的环境之下，只有最给力的葡萄酒才适合——像设拉子或添普兰尼洛等硬朗的葡萄品种酿造而成的强劲红酒，它们和“美丽”或“优雅”这类词儿一点也沾不上边，你在凌晨4点坐在某个被上帝遗弃的偏僻酒吧中啜饮着它们，并且开始想象：告别单身派对的真正意义，或许就在于它能够使新郎渴望婚姻生活的开始。

“如果是在聚会中，就换上聚会的状态吧。”

——查斯特菲尔德写给儿子的信中提到

TWO HANDS GNARLY DUDES BAROSSA SHIRAZ

产地：澳大利亚，巴罗莎
风格：强劲型红酒
葡萄品种：设拉子
价格：$$
ABV：15%

那些认为在澳大利亚只能酿出具有强烈水果芳香以及高酒精度葡萄酒的想法已经过时了：现代澳大利亚葡萄酒远比之前的更加富于变化，也有一鸣惊人的作品。众多顶级酒品在位于澳大利亚南部的巴罗莎谷酿造而成。在这个有着长长的葡萄酒酿造历史的地区里，双掌是一个相对来说比较年轻的“新人”。其酿造手法巧妙，将紧致的深暗色果实以柔韧质感的酒品展现出来。这款酒以年代悠长“gnarly”设拉子葡萄树为名，口感紧实而充满韧性，带有花朵的芬芳气息。

配餐：丰盛的葡萄酒搭配丰盛的食物。这款酒最适合用来搭配烤肉、带血的牛排或优质的汉堡牛肉饼。总之，用来搭配的就是——肉！

经济型选择

格兰特伯爵酿造出巴罗莎的顶级红酒。酿造这款酒的网撒得更大了一些，所用的葡萄来自澳大利亚南部，带有甜蜜果味（但属于干型），果汁感浓郁，但同样强劲。

Grant Burge Benchmark Shiraz
澳大利亚南部
14% ABV $ R

熄灭战火的一款酒

“Mollydooker”是澳大利亚对“左撇子”的称呼。这款酒有着非同寻常的拳击手般的力量：浓缩，在质感上几乎是厚重而黏稠的，酒精度很高，同时带着极有魅力的纯粹黑莓果实味道。这款酒大气，同时也有着温柔的一面。

Mollydooker The Boxer Shiraz
澳大利亚南部
16.5% ABV $$$ R

纯爷们的选择

澳大利亚在强劲的红酒方面没有垄断权，然而位于西班牙西北部的托罗则不同。这里的人们更善于使用一种非常古老的添普兰尼诺酿出嚼劲十足的深黑色咖啡以及黑色果实气息的红酒，不辜负它的名字（“El Recio”翻译过来就是“纯爷们”）。

Matsu El Recio Toro
西班牙
14.5% ABV $$ R

大酒体起泡红酒

这是一款澳大利亚特色的酒（澳洲人传统的圣诞节晚餐用酒），起泡设拉子酒有一点点让人不太习惯的味道，不过这款酒值得长期饮用，有着温暖气息以及香槟嘶嘶作响的酒泡，还有设拉子酒的典型特色和本质。这款口感硬朗的酒，是走出澳洲之外仍然广受欢迎的范例。

Wyndham Estate Bin 555 Sparkling Shiraz
澳大利亚南部
13.5% ABV $$ SpR

13 父亲节

我们都深爱着自己的父亲，但是我们是否愿意一生中都和他们在一起工作？对于我们中的大多数人来说，这当然是一个相当夸张的问题。然而，很多葡萄酒生产商仍以家族产业的模式运作，对在这样一个家庭中出生的人而言，这可就不是一个能够简单回答的问题了。一些人要承受运作一个持续了数百年的家族产业的压力，却认为自己并不具备从事酒类行业的天赋，对于他们来说，这个问题就更加困难了。他们是应该留下来混日子，还是应该承受着父母的怒火和失望，去其他领域实现自己的梦想？另一方面，如果两代人对于家族产业的运营方式有了不同的意见，这也是一件棘手的事情。很多即将退休的父辈酿酒师可能会抹杀掉孩子每一个微小的创新。我能想到至少一个发生在意大利的令人心碎的例子，一个在不被允许用自己的方式做事的挫折中独自挣扎的儿子，不再和他的父亲、叔叔们说话，只偶尔通过自己的母亲传递信息来与父辈交流。毫无疑问，即使是表面上最和谐的代际关系也会有发生冲突和争执的时候。但在今天，敬重一项能够实现家族价值的事业是有很大意义的。爱、责任和荣誉这些有力的纽带从他们酿造出的酒中产生，也使他们紧密联结在一起。

“当一个男人意识到自己的父亲或许是正确的之时，他通常已经有了一个认为他错误的儿子。”

——查尔斯·华兹华斯

FILIPA PATO NOSSA BRANCO

产地：葡萄牙，百拉达
风格：半干型白酒
葡萄品种：碧卡
价格：$$$
ABV：12.5%

最好的父亲节礼物之一就是让他看到自己的子女获得成功。著名酿酒师路易斯之女菲利帕·帕托成功地做到了这一点。由她酿造的带着自己标签的葡萄酒，既有和其父作品一样的品质（这确实是一个相当高的评价），还附带着自己独有的时尚风格。这款葡萄酒用当地的碧卡葡萄酿造，经过橡木桶窖藏，有着简洁的葡萄柚混合柠檬的风味，同时还带有燕麦的芳香。

配餐：它的厚重感以及深邃的质地，使它成为一款可以搭配烤鸡肉或猪肉让父亲享用的美酒。

父亲的节日

阿尔明·迪尔在德国酿酒界有着权威性的地位。现在他的女儿卡罗琳在酿酒师克里斯托夫·弗里德里希的协助下，已经接手了葡萄树的种植和酒的酿造。这款半干白葡萄酒活力十足，花边般精致，充满魅力。

Schlossgut Diel Riesling Kabinett
德国，纳厄
10.5% ABV $$ W

一个美国家庭

由约翰·思福以及道格·思福组建的父子团队创造了一款经典现代美国风格的葡萄酒——思福山坡精选酒。产自鹿跃区的典型纳帕干红葡萄酒，充满了黑果味道，光滑浓稠而和谐。

Shafer Hillside Select, Stags Leap District, Napa Valley
美国，加利福尼亚
15.5% ABV $$$$$ R

意大利的父亲节

安蒂诺里家族是拥有托斯卡纳葡萄酒的皇族，早在14世纪后期就已经开始酿造。现在的家长皮耶罗·安蒂诺里侯爵与他的三个女儿——阿碧拉、阿莱格拉和阿莱西娅，一起经营家族产业。他们生产的一系列托斯卡纳混合型红酒，有着已经稳定的以丰醇、顺滑和樱桃味为主导的风格。

Villa Antinori Rosso, Toscana IGT
意大利，托斯卡纳
13% ABV $$ R

父亲节的礼物

在许多参与创建波特酒贸易历史的英国家族中，赛明顿家族依然在稳健地运营。这个家族的三代人都在拥有科伯恩、陶氏、格雷厄姆以及华莱仕四大品牌的家族产业中工作。赛明顿家族所有美丽的维苏威庄园中生长的单一年份葡萄，酿造出这款口感华丽而芬芳的波特酒。

Quinta do Vesuvio Single Quinta Vintage Port
葡萄牙
20% ABV $$$ F

14 夏日

葡萄酒有一个重要方面常常被顾客及酒商忽视，就是它所具备的提神作用。我们可能在关于酒的所有其他方面比较挑剔，比如口味和质地，浓缩产地及年份特质的能力，或者（让我们坦率一点）酒精作用于我们感官的方式，但我们总会忘记一项可能是酒类所能起到的最主要的作用——这是一种饮料。换句话说，它应该能够解除我们的口渴。所有最优秀的酒，无论是最昂贵的、最顶尖的红葡萄酒和波特酒，还是酿造过程中需要经过几十年陈化的酒都具有此项功能。这种能量和快感的驱使意味着我们不会只是简单地抿上一两口，它们会召唤我们再来一杯。不过，虽然每一种值得饮用的葡萄酒都会有一定程度的提神作用，但也会有以清新提神为主要存在理由的酒。如果把葡萄酒比作一段乐章，那么清新而提神的作用就像乐章的节奏一样，让我们一直如痴如醉地饮用、聆听；酒的口味就像旋律，吸引着、催动着我们的注意力和情绪。然后那些酒就会在舌尖变幻出所有的节奏，它们找回了被时间剥夺的水果香气，它们蕴含的酸度发出响亮而不刺耳的声音，舞步随着桑巴而不是交响乐的节奏踏起。红葡萄酒、白葡萄酒、桃红酒，这些属于夏天的酒，在冰桶中集结，等待着解去我们的焦渴，等待着跳起一支舞。

“葡萄酒是由水携带着的阳光。”

——伽利略

QUINTA DE AZEVEDO VINHO VERDE

产地：葡萄牙
风格：干白
葡萄品种：混合
价格：$
ABV：11%

在葡萄牙语中，“Vin ho Verde”的意思是“青酒”，指的是酒适合在年轻时饮用（即应在一年之内饮用），而与酒的颜色（虽然它位于葡萄牙北部的产地确实有着青翠嫩绿的景致）并无很大关系。它有着轻微的气泡和令人肌肉发紧的酸度——这正是葡萄酒酸度的诱人之处，以及柠檬汁、微气泡苏打水般的清爽质地，也带着微妙的桃子和鲜花的味道。这款酒的酒精含量很低，在夏天喝完它，你依然能轻松愉悦地享受这一天剩下的时光，丝毫不会感到头痛或困倦。

配餐：海鲜，最好用配上派瑞（peri-peri）酱的葡萄牙式方法料理。

巴斯克人的乳脂

这里所生长的葡萄及其所酿出的酒，有着对于非巴斯克人而言最难发音的名字：Hondarrabi Zuri。这是一种适合夏天饮用的极具代表性的酒，有着类似葡萄牙青酒的轻微气泡，强烈的柠檬味，同时，其中的石质矿物特色也令其更为清新和解渴。

Txomin Etxaniz
西班牙，柴可丽
11% ABV $$ W

一款口感爽利的夏日红酒

我们能见到的几乎所有葡萄牙青酒都是白葡萄酒，但是在当地也出产同一风格的口味浓郁、令人落泪的桃红酒和红葡萄酒。这种酒的酸度对于习惯饮用口味浓郁、醇厚的红葡萄酒的人来说颇有些夸张。经过冷藏后，你一定会感受到它清晰的酸味和小红莓风味。

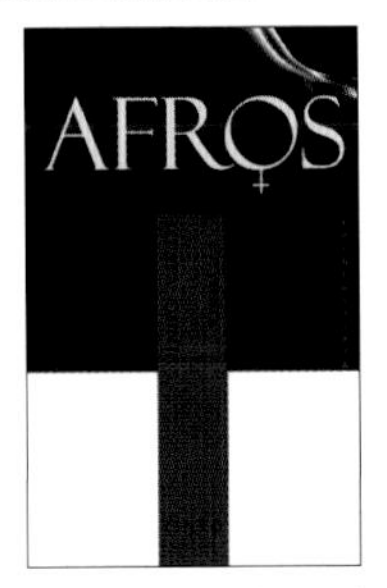

Afros Vinhão Tinto, Vinho Verde
葡萄牙
3% ABV $$ R

来自火山的白葡萄酒

阿西尔是希腊的葡萄品种，用它酿成的葡萄酒会带有引人注意的鲜明的柠檬蜜饯和柠檬果皮的味道，这种味道会让你仿佛置身于地中海的柑橘园中。这款来自圣托里尼火山岛的新鲜白葡萄酒，同样给人以矿物质和异国香料的印象。

Hatzidakis Santorini Assyrtiko
希腊
13% ABV $$ W

蓝色海岸

一盘法国尼斯色拉，一碗法式浓味鱼肉汤，坐在一张桌子旁边，俯视着沙滩上散步的人们和深蓝色的海洋与天空……在一张完整的反映普罗旺斯风情的照片中，还需要有一瓶浅色的、美丽而诱人的桃红酒，保存在阴凉处，冰凉而清澈，有着细腻的草莓和葡萄柚的味道。

Château Minuty M de Minuty Rosé
法国，普罗旺斯
12.5% ABV $$ Ro

15 毕业季

毕业是进入成人世界的真正开始。无论你从这里走去哪里，无论你是怎样度过了你的大学时光，你都是独立的个体了。当你走出举办完毕业仪式的礼堂，手里紧握着刚印刷出的学位证明，你内心一定有一部分会沉醉在对未来生活无限可能的幻想中，那是一种认为一切皆有可能、令人兴奋以至于眩晕的感觉。在你生命中全部具有里程碑意义的时刻中，这是一个令你敢于去梦想更多的时刻，仿佛整个世界就在这里等着你去征服。之前那些在图书馆和阶梯教室中度过的漫长时间，以及假期实习和为了自我推销而在深夜里埋头制作的个人简历，这些都将如你所希望的那样，将要实现它们的价值。尽管如此，你灵魂的一部分还是忍不住回想起过去的四年，想知道生活还能不能像那时一样充满乐趣。你遇到了那些你知道将会是一生挚友的人，可是在你们各奔前程，去寻找各自新的生活之后，还能再经常与彼此相会吗？现在当然不是感到迷茫困惑的时候，不管是对于未来还是对于过去。你在大学的最后一晚当然应该像现在一样——抓起一瓶像你们一样年轻而充满活力的酒，让这唇齿间直爽的芳香和活泼的风味，与此时此刻的庆典完美契合。

> “向着你的梦想自信地出发。去过你想象中的生活。”
>
> ——亨利·戴维·梭罗

BODEGAS LAS ORCAS DECENIO JOVEN RIOJA

产地：西班牙，里奥哈
风格：水果味红酒
葡萄品种：添普兰尼诺
价格：$
ABV：13%

里奥哈酒之所以闻名于世，是因为在酿酒过程中需要有足够的时间来等待它们自然成熟，甚至在酿出后也需要在木桶和瓶子中度过漫长的时间。除了佳酿级、陈年级和特级珍藏酒，在这个伟大的西班牙产区还有另外一种风格的产品：只经过短时间或不经橡木陈化的新酒，这种酒更偏重活泼的、新鲜采摘的水果味道，而不是在木桶中陈化所带来的椰子或咸香的木头味道。享受着从拥有百年历史的酒窖中取出的酒，这会是一种既愉悦醇美又温文尔雅的体验。

配餐：非正式的西班牙小吃，比如香肠、辣汁土豆或者炖蚕豆。

一瓶生机盎然的桃红酒

桃红酒并不适于长时间存放，它适合在葡萄长势最好的年份酿出后一年内饮用。虽然萨尔斯酒庄也出产很好的白酒和红酒，但是它最为人称道的还是桃红酒，有着浓郁的草莓和奶油香气。

Château de Sours Rosé
法国，波尔多
12% ABV $ Ro

充满欢乐的起泡酒

温柔的花朵芳香，甜而脆爽的苹果和梨味——产自意大利东北部的普罗塞考起泡酒只有在年轻时享用才会获得最好的体验。在酒窖中储藏再长时间也不会使它的品质加以提升。这款酒平实、轻微泛起的气泡一定适合今天的好心情。

Canevel Prosecco di Valdobbiadene Extra Dry
意大利
11% ABV $$ SpW

一款生机勃勃的白葡萄酒

长相思酒，尤其是与赛美蓉混合酿造，品质会随着在橡木桶中陈化时间的推移而提升。在很大程度上（这款激情，百香果风味的例子也不例外），这正是我们所追寻的单纯的葱茏颜色，在青春的一次次冲刷后变淡。

Villa Maria Private Bin Sauvignon Blanc
新西兰，马尔堡
13% ABV $ W

趣味酒

弗龙产区为旁边热闹的城市图卢兹中庞大的学生群体提供了日常饮用的红酒。主要葡萄品种是带有辛辣味和胡椒味的聂格列特，酿出的酒有清脆的黑樱桃果香，茴香气味萦绕，以及即刻享用的明快色调。

Château Plaisance Le Grain de Folie
法国，弗龙
13% ABV $ R

保存，还是即饮

大多数酒都要求顾客在购买后一年内饮用，但是也会有一些酒更适宜在阴凉、避光和恒温（15℃）的地方保存几年后饮用。不是每一个人都能享受陈年葡萄酒，但是如果你对窖藏过的葡萄酒充满兴趣和期待，那么你可以选择波尔多和加州的顶级红酒，年份波特酒和香槟，来自勃艮第产区的黑比乐和霞多丽，来自皮埃蒙特的内比奥罗，来自罗讷和澳大利亚的西拉/设拉子，德国雷司令或者卢瓦尔白诗南。

16 21岁生日

今天——如果我们坦诚一点的话，不管法律是怎么规定的，都不太可能是你第一次品尝葡萄酒。但是它确实是一个根据官方要求即将迎来葡萄酒品尝经验的珍贵年岁。这是一个无论是谁都值得购买些葡萄酒来庆祝的时刻。这会引起很多遐想："这真是太棒了，这绝对不是一次草率的选择。我（或者他们）无论如何都不会察觉出它们的区别，既然如此，何必一定要买那些特别完美的呢？高贵和卑微其实也就那么回事。"但这样会错过一次天赐良机：因为这是一个人成熟的开始，毕竟，葡萄酒是一个成年人最大的乐趣之一，为何不顺着自己的意愿去买一些特别的东西呢？这不会带来任何挑战或者逾矩。刚开始饮酒的人总是无法很好地接受灼热的酸度，以及高浓度的、能引起口干舌燥的单宁，比如意大利西北部年轻巴罗洛酒通常呈现的状态。尝试这样的酒款：有着浓郁的水果芳香，几乎难以察觉的微量的糖，很少有能比来自法国东部的阿尔萨斯的白葡萄酒更合适的了。

"成长就是丢掉幻想，来赢取更多的美好。"

——弗吉尼亚·伍尔夫

HUGEL GENTIL CLASSIC

产地：法国，阿尔萨斯
风格：芳香型白酒
葡萄品种：混合
价格：$$
ABV：12%

这款酒介绍给那些刚开始喝葡萄酒，以及虽然相对精通酒道但刚接触阿尔萨斯酒的饮酒者。贺加尔用五种葡萄酿出的混合酒，在阿尔萨斯地位无可撼动。有着花香气，让人脑海中浮现春天的繁花似锦；还带着一点淡淡的让人情趣倍增的辛辣味，以及葡萄和桃子的果味，正如其名字所表明的那样，质地柔和怡人。

配餐：这种混合酒可以搭配白肉以及肥美的鱼类（甚至可以扩展到海鲜）。因为酒中有着辛辣味和微量的糖（糖对辣味有着完美的烘托作用），使其可以搭配柔和的东南亚风味。

经济型选择

有着玫瑰、荔枝、姜……香气不是每个人都会一直爱它，但世界上还没有一个人能够在第一次品尝这种异国情调的“琼瑶浆酒”不被隐含在其中的浓郁香气和柔和质感所折服。

Cave de Turkheim Gewurztraminer
法国，阿尔萨斯
12% ABV $ W

不惜重金的选择

由特兰巴克家族仅在最佳的年份酿制，采用雷司令葡萄，弗雷德里克·埃米尔浓缩的香味卓尔不凡，混合着欧洲北方果林（花，苹果）和亚洲烹饪调味品（酸橙，柠檬香草）的香气。

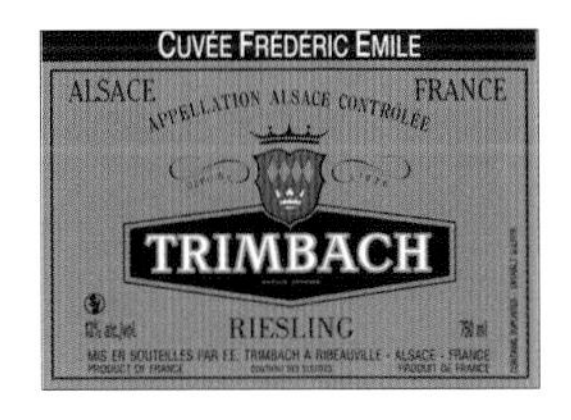

Trimbach Cuvée Frédéric Emile Riesling
法国，阿尔萨斯
12.5% ABV $$$$ W

初学者红酒

“不生产弱酒”是位于洛迪县的雷文斯伍德酒酿厂的座右铭，这些稳定的增芳德酒都是年份酒，带有浓郁的蓝莓和黑莓果香味，单宁柔和，质地饱满，这些都会让你很容易就爱上它。

Ravenswood Lodi Zinfandel, Lodi County
美国，加利福尼亚
14.5% ABV $ R

给年轻人的起泡酒指南

几乎大多香槟酒都有强烈的酸性，这并不总是能吸引那些刚开始喝酒的人。但是那带着稍微多一点糖分、而不是标准意义上干酒的半甜型平衡风格酒，会是不错的起始级起泡酒。但它并不适合搭配生日蛋糕。

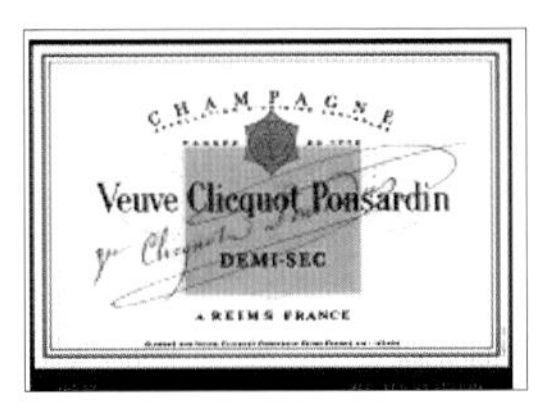

Champagne Veuve Clicquot Demi-Sec
法国，香槟
12% ABV $$$ SpW

17 在海边

为何我们会被海滩所吸引？为何，当我在寒冬的早晨写下这些的时候，就那么简单的短短两个字就能引起强烈而痛苦的叹息？海滩意味着逃离——那只是其中一部分。当我们看到大海的时候，我们在感受，我们的呼吸陷入海浪的节奏，深沉而缓慢，同时我们的思绪被眼前的蓝色所吸引，飞到眼前和远处的生命，那些更美好生活的承诺，或许，就在那里的某一个地方。那些最快乐的关于童年时光的记忆，那些感受翻沙、石潭、阳光味道的时刻永远保存在心底最甜蜜的深处。最重要的是，或许还是清新自由的感受，从日常繁琐中解脱出来——当你穿着游泳衣的时候你不可能还感受到拘谨，当你躺在折叠式躺椅上的时候你也不可能感受到压抑。即使在一个北欧的海滩，躲藏在防风墙后面，北极的寒风吹在脸上，依然有心灵得到净化的愉悦，这种感觉来自于与大自然融为一体，仿佛自己成为了大自然的一部分。对人们来说如此，对葡萄酒也是一样：大海是最伟大的气候调节剂，从波尔多到保格利，从新西兰到加利福尼亚沿海，大海将它的清凉带到这些葡萄生长区域，延缓葡萄的成熟，提升葡萄酒的品质，赋予其生命力。

"对我来说，大海处处是奇迹：游泳的鱼、岩石、波浪的滚动、船、畅游的人。还有什么比它更是奇迹的？"

——沃尔特·惠特曼《草叶集》

VIÑA LEYDA RESERVA SAUVIGNON BLANC

产地：智利，利达谷
风格：脆爽型干白
葡萄品种：长相思
价格：$
ABV：13.5%

在过去的二十年里，智利酿酒师逐渐靠向海岸，种植能更好地适应寒冷气候的葡萄品种，这其中一个重要的生产者就是利达酒庄，是这个临近太平洋的同名山谷中的先锋。在它创建的前十年，就已经确立了作为这个国家黑品乐和长相思酒最优秀的生产者之一的地位。酸度突出，有香草和类似荨麻的香气特色，同时有柠檬和酸橙的清新。这款酒在人们的印象中简直就是海鲜的完美搭档。

配餐：长久以来，智利人从未远离太平洋丰富的海产品。例如蛏子就是这一款新鲜、纯净的酒特殊而又完美的搭档。

晚酌一款南非酒

南非相对于沙萨尼-蒙特拉谢的同层次酒品，汉密尔顿-拉塞尔霞多丽酒极为透彻而有力度，在某种程度上，这是因为在大陆南部接近大西洋的特殊地理位置。果实成熟得很好，精细地在橡木桶中酿制。一款十分内敛的白葡萄酒。

Hamilton Russell Chardonnay, Hemel-en-Aarde
南非
13% ABV $$ W

大海的味道

这种曼赞尼拉风格的雪利酒产于圣卢卡的酒窖中，由于一定程度上受到附近的大西洋空气中盐分的影响而带有一种浓烈的咸味，轻快、脆爽，冷凉饮用最适合搭配海鲜。

Barbadillo Solear Manzanilla Sherry
西班牙，赫雷斯
15% ABV $ F

冬天的海滩

即便吹来海风，火炉也会带来温暖，海水将浪花打在窗户上，店里供应着大量价廉物美的海鲜。这时，你渴望喝一些烈度酒而不是夏天里享用的白葡萄酒来取暖，这酒必须足够新鲜而柔和以配餐鱼。这款芳香的佳美酒并非来自海边，但在此刻毫无疑问是最佳的选择。

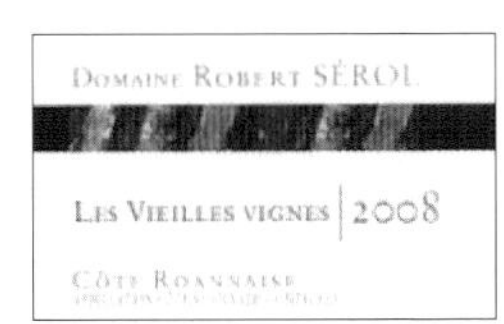

Robert Sérol Vieilles Vignes, Côte Roannaise
法国
12.5% ABV $ R

就在海边

毫不夸张地说，这就是一款海边葡萄酒，是由里斯本附近小小的葡萄牙产区科拉雷斯生长在沙丘上的葡萄树果实酿制而成。这款酒在其他国家难得喝到，风味迷人：红果香气，单宁紧实，酸度令人心旷神怡。

Manuel José Colares
葡萄牙
12.5% ABV $$$ R

18 初入社交圈的聚会

19世纪戴有羽毛和珠宝佩饰的贵妇人，万万不会想到她们已到结婚年纪的娇贵女儿，会加入到同性恋聚会。初入社交圈，无论是热闹喧哗的公众聚会，或是与相爱的人亲密交流，总之都将融入社会，丢弃伪装，展现真实的自我。如果家庭或朋友们对你更为热络，那就表示取得了很大成功，这本身就很值得庆贺。不像社交舞会，初入社交圈的体验更为个人和深切，从时间到讲话方式，到庆典的形式。初入社交圈，坦然不加掩饰地表达自己的个性，选择你自己喜欢的酒，不必考虑它的相关信息和其中的含义。找到一款适合这个时刻的酒，告诉大家“我要决定我自己的命运。我为我自己而骄傲。”我要去参加我想去的聚会，从此，我的生活更忠实于我自己。

“异性恋并不是标准，它只是通常发生的状态。”

——多萝西·帕克

KIM CRAWFORD PANSY! ROSÉ

产地：新西兰，马尔堡
风格：半干桃红酒
葡萄品种：美乐
价格：$$
ABV：13%

当我第一次听说这款桃红酒时，我很惊讶的是我认为它极其粗俗：一款由率直的人酿制的酒，目标直指那些在奥克兰和悉尼的同性恋酒吧，设想“那些同性恋家伙喜欢粉红色的一切。”更深一步的研究之后，发现这酒是要表达对那些在酒厂困难的时候曾给予过他们支持的同性恋者们的谢意。淡红色酒，很适合聚会：并不复杂的浆果味，带一点点甜。

配餐：并不太适合配餐但残留的甜味可搭配辣味的自助餐。

经济型桃红酒

西班牙东北部，紧邻里奥哈的纳瓦拉地区，耐寒的歌海娜葡萄酿出略有强劲风格的干型桃红酒。奥乔亚酒庄的出品既爽脆又微妙，具有独特的糖制的草莓水果味，清新怡人。

Bodegas Ochoa Garnacha Rosado
西班牙，纳瓦拉
12.5% ABV $ Ro

不惜重金的选择

通常来说，桃红酒的价格都不昂贵——在大多数人眼里，它始终是白酒和红酒的杂交后代，没有拿它当一回事。蝶之兰酒庄的出品是个例外，这款经典的淡色普罗旺斯桃红酒有着顶级白酒典雅而柔和、充满诱惑的香气。

Château d'Esclans Whispering Angel
法国，普罗旺斯
12.5% ABV $$$$ Ro

理想选择

希腊哲学家写过一些迷人的同性之间的爱情，讨论他们观点的座谈会也一样被葡萄酒所推动。你可以用来自马其顿的这一最华丽、桃子香味的白葡萄酒向传统致以敬意。

Domaine Gerovassiliou Malagousia, Epanomi
希腊，马其顿
13% ABV $$ W

起泡酒

劳伦-皮雷的粉红香槟酒作为该地区最棒的酒品之一，有着无可争议的好名声。完全由红（黑品乐）葡萄酿制，有着柔和的蔓越橘、草莓以及撩人的慕斯香气。

Laurent-Perrier Cuvée Rosé Brut
法国，香槟
12.5% ABV $$$ SpRo

桃红酒制作

除了法国香槟地区的一些生产者，如今极少有桃红酒是用白葡萄酒和红葡萄酒混合酿制的。大多数是将葡萄压榨后，让葡萄汁和葡萄皮短时间接触。然后像白酒一样，用不锈钢桶进行冷发酵。

19 在海鲜餐馆

柠檬角是白鱼或海鲜食物的天然搭档。就像英国美食、作家萨格尼特在她详尽但看着却并不累人的《风味全书》（*The Flavor Theseaurus*）一书中所说，离开柠檬角会让海鲜看上去“有点孤单”。她这么说是有理由的，这并不是一个简单的色彩的衬托。柠檬的酸味增强了鱼的可口，也一定程度上掩盖了海鲜的刺激性味道，同时削弱鱼和炸土豆条、天妇罗和油炸鱼类食物配餐中的脂肪感。与此类似，我们在吃鱼和海产品时通常会选择的是白葡萄酒，它们完美替代了柠檬汁的作用。通常都是些干型葡萄酒，含有丰富的、天然存在于葡萄中的强烈的苹果酸，更为直接，甚至简单，而非轻浮、肥厚或精致。大多来自寒冷的气候，或者北纬和南纬的28°～50° 区域，或者受大海或者高山的微风影响的冷凉葡萄园。当然一定是白葡萄酒，或者淡色桃红酒。如果特别新鲜、丰满，就可以选择清淡的冷凉地区红酒。

“你不要告诉我一个不喜欢牡蛎、芦笋和好酒的男人胃有问题，他只是不开心而已。”

—— 赫克托·门罗（萨基）

DOMAINE SAMUEL BILLAUD CHABLIS

产地：法国，夏布利
风格：爽脆型干白
葡萄品种：霞多丽
价格：$$
ABV：12%

夏布利酒和海鲜是一个如此经典的搭配，如果在一个海鲜餐馆的葡萄酒清单上没看到至少一瓶这样的葡萄酒，这会令人吃惊。它可能会令人失望：乏味、寡淡、尖酸，但如果找到一瓶好酒，会带来近乎完美的感受。有点钢味，以及柠檬和青苹果的香气特色，矿物质的清新使它区别于任何其他霞多丽酒。没有橡木味影响的经典款中，塞缪尔·比约生产的酒浓度、纯度水平都极高，令人震撼。

配餐：如缺少柠檬的鱼，在品尝这款酒的时候要是缺少牡蛎、贻贝或者烤白鱼等，那么它将会很孤单。

经济型选择

沿海城市南锡周边，卢瓦尔河汇入大西洋之处，出产的密斯卡代是另外一种法国葡萄酒，与海鲜绝配，尤其是牡蛎。干型，最好的款有着酵母和碘味，以及纯净、令人精力充沛的强烈柠檬味。

Château du Cléray Muscadet Sèvre et Maine Sur Lie
法国，卢瓦尔
12.5% ABV $ W

贝壳类海鲜

大西洋为西班牙西北部的加利西亚地区提供大量海鲜，同时也带来了冷凉的气候，使得采用芳香白葡萄品种阿尔巴利诺酿制的酒有着新鲜、略咸的味道，包含白桃和浓郁的花香。

Palacio de Fefiñanes Albariño Rías Baixas
西班牙，加利西亚
13% ABV $$ W

鲑鱼

博若莱十个村庄中，布艾伊利出产活跃、迷人的红酒，带着可爱的夏季浆果的味道，类似樱桃的酸度，单宁含量低。在经过半小时左右的冷藏后，就着柠檬或者鲑鱼享用感觉会更棒。

Château Thivin Côte de Brouilly
法国，博若莱红葡萄酒
12.5% ABV $$ R

粉红色鱼

桑塞尔具有青草味的脆爽长相思酒最为出名（适合配餐鱼），这里也以黑品乐酿制精致可爱的红酒和桃红酒。适合搭配鲑鱼，强烈的酸度可有效降低脂肪的肥腻感。

André Dezat Sancerre Rosé
法国，卢瓦尔河
12.5% ABV $ Ro

红酒配鱼

清淡可口的白鱼和海鲜适合搭配红葡萄酒，不适合浓重的有橡木味的白酒：会掩盖鱼味的美妙。日本科学家的研究表明：单宁含量高的红酒搭配海鲜时会产生令人不舒服的金属感。但是未经橡木陈酿、酸度高、单宁含量低的清淡红酒比如佳美、黑品乐，以及传统的巴贝拉，与多肉的海鲜如金枪鱼、鲑鱼和箭鱼等搭配起来就显得很协调。

闺蜜婚前庆祝会

当一大帮好朋友聚集在一起狂欢一个晚上的时候，你的情绪在今晚很有可能经历三个阶段。开始很敏感，紧张于如何享受这最后一夜的自由。然后朋友们陆续抵达，开着各式各样的玩笑，送的礼物可能会有些恶作剧式的避孕物品或者奇怪款式的内衣，这些都会让你咯咯大笑起来。开始各种各样的游戏。这些都是惯例。事情随后会变得越来越可笑，例如一些喝酒的人会跌倒，而你会去跳舞。喝得越多，心情会从简单变得多愁善感，继而热情勃发，感慨发自内心的友情，开始互诉衷肠。这是很危险的时刻，如果你不是非常谨慎的话，轻浮和玩笑将会导致大家互相责备和带来酒后的感伤。最好准备的鸡尾酒比通常喝的清淡一些。如果你想在晚上开创一个“大场面”，用葡萄酒而不是烈酒调制成的鸡尾酒将不会出现完全无法收拾的后果（只有你们的内部调解人能够做到），避免聚会从混乱变成难以收拾的场景，让你带着完整的友情走向你的婚礼。

“婚姻是个大机构，只是我还没做好准备。”

——梅·韦斯特

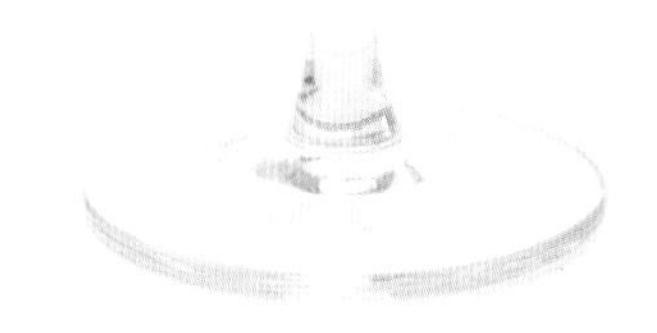

ADRIANO ADAMI GARBEL PROSECCO DI TREVISO BRUT

产地：意大利东北部，威尼托
风格：起泡白酒
葡萄品种：格雷拉
价格：$
ABV：11.5%

来自意大利东北部的普罗塞克是一种非常多样化的鸡尾酒成分，威尼斯，在这款起泡酒酿制地，附近最大的城市当地人用它混合苦味的开胃酒阿贝罗，再加入一点苏打水，制成斯皮特斯（内格罗尼酒的完美替代品），加入桃子汁就制成贝里尼，加入橙汁就制成米莫萨（后两者可以用来替代伏特加加果汁的鸡尾酒，比如柯梦波丹）。当然你也可以创意性地采用普罗塞克与烈酒比如伏特加进行调制（当然，那样的话在酒精浓度上将会更加带劲）。无论你将怎样搭配，此时你都没必要去找最好品质的酒，因为一旦被混合，原本的香味都不会很明显。当然，也不要采用太廉价的，否则尖酸的结果令人痛苦。此外，不是每个人都想要鸡尾酒，一杯阿德里亚诺-阿达米本身就是非常神气的、令人愉快的开胃酒。

配餐：搭配一些开胃小菜，炸土豆条或者坚果、熏鲑鱼薄饼、亚洲风味的烤鸡肉。

干白

你需要一份黑醋栗甜酒（加布里埃尔-布迪耶生产的完美的黑醋栗利口酒）来混合五份白葡萄酒（比如当地的阿里高特酒）来调成这一经典的勃艮第开胃酒。如果采用起泡酒就成了皇家吉尔。

Olivier Leflaive Bourgogne Aligoté
法国，勃艮第
12% ABV $ W

香槟鸡尾酒

放置一块方糖到盛满安古斯图拉苦酒的茶匙中。让方糖吸收苦味，然后再将它们放入香槟杯中。注入法国白兰地，例如德拉曼，然后用美味、并不贵的香槟酒将酒杯倒满。

Champagne Nicolas Feuillatte Brut NV
法国，香槟
12% ABV $$$ SpW

桑格里亚起泡酒

这种解渴的西班牙的趣味饮料采用三份果味西班牙红酒，两份柠檬水，一份鲜榨的橙汁，大量的冰块，一些薄荷以及橙子和柠檬薄片调制而成。

Campo Viejo Rioja
西班牙
12.5% ABV $ R

勇往直前，无人能及

对于那些不喜欢鸡尾酒的人，可以尝试这款上佳而价格不高的白葡萄酒，苹果味浓郁，其中含有的适度糖分使其可单独饮用。但其同时拥有的强烈酸度，使得它可以与鱼、鸡肉或者猪肉搭配。

Ken Forrester Chenin Blanc
南非，斯泰伦博斯
13% ABV $ W

21 第一份工作

开始的时候感觉像在伪装，为了加深别人对自己的印象，特意在上班的时候穿着工作服和踩得地板吱吱响的光亮皮鞋。既然在工作正式开始前两小时就到达了，你有足够的时间在街对面的咖啡店调整心情准备进入角色，这样多出来的时间就变成了咖啡。上午9点到了，你推门进入这个坦白说让你感到恐惧的工作的新世界，你很紧张，手足无措就像过去你还是个孩子时，下楼打扰父母的宴会，你分外地感觉到自己的年幼，感到在成人的世界里如此孤独。但你最终还是要出场，尽管老板对你很好，但这却于事无补。“镇静下来”，你轻声地对自己说道，然后你也差不多做到了。她给你分配的任务，你们两个人都知道，是她所能够发现的最简单也最低级的，但这确实是你的任务，你的工作，换得月底拿到的薪水。事实是，你现在真的是个成年人了，尽管感觉上确实不大像。你也可以像成年人那样放松，在酒吧或者在家里，用一瓶葡萄酒，像一个能自给自足的社会成员，尽管不能完全做到。葡萄酒不会成为思想或经济上的沉重负担，享用它来铭记这一时刻，这会让你感觉到工作的价值。在葡萄酒的新旧世界都能找到适合这个时刻的酒款。

“我上班总是迟到，但我会用早退来弥补。”

——查尔斯·兰姆

BODEGAS JUAN GIL EL TESORO MONASTRELL/SHIRAZ

产地：西班牙，胡米利亚
风格：果味红酒
葡萄品种：混合
价格：$
ABV：14%

不管我们感觉振奋或缺乏深度，我们中的大多数人在第一份工作的时候都会有一个共同状态：在第一份薪水拿到手之前，我们几乎不名一文。这样我们的第一瓶下班后酒差不多是在10美元的价格水平上。西班牙东南部的胡米利亚是全世界生产这个价位的葡萄酒最好的地区。莫纳斯特莱葡萄，在其他地方称作慕合怀特或者马塔罗，是这个区域的主要品种，生长在古老的葡萄树上，酿出的红酒辛辣，酒体丰满，浓度水平可媲美价格高数倍的酒品。为了增加饱满度，也会加入一些设拉子。胡安-吉尔酒庄庞大，品质稳定，有许多上佳而价格合适的出品。

配餐：今晚你不太可能有时间、经济预算和心情来精心准备晚餐，这款葡萄酒可以让就着番茄肉酱的冷冻皮萨或者意大利面变得有生气。

待沽的红酒

萨兰亭酒庄在它的安第斯山脚下高海拔的优克谷葡萄园生产卓越的红酒和白酒系列，这个区域帮助了那些20世纪90年代的开拓者们。特价的入门级酒品也有着高品质，例如果汁味浓、芳香、李子味的马贝克酒。

Bodegas Salentein Portillo Malbec
阿根廷，门多萨
14% ABV $ R

待沽的白酒

佩兰家族是法国罗讷河谷的关键角色，他们在教皇新堡博卡斯特酒庄酿制的葡萄酒在该地区得到了大多数人的认可。这些令人愉快的水果和花香味的脆爽干白酒及其相应的红酒，都有着极高的价值。

Perrin & Fils La Vieille Ferme Blanc, Côtes du Luberon
法国
13% ABV $ W

上班第一天的起泡酒

起泡酒在葡萄酒语言里是庆祝的意思，在安然度过工作的第一天时，你当然有些事需要庆祝。但是你的收入还达不到喝香槟的水平。这款西班牙起泡酒，和香槟酒采用同样的制作工艺，有着脆爽的苹果香味，是经济之选。

Bodegas Sumarroca Cava Brut Reserva
西班牙，加泰罗尼亚
11.5% ABV $ SpW

破费

有的时候，你会忍不住问你自己，为何最终你已经有了工作，并拿到薪水了，还要喝廉价的葡萄酒，这里有一些选择可以让你依靠你的信用卡而不至于过多侵占下个月的薪水。这款红酒令人舒缓，有着桉树和黑醋栗香气。

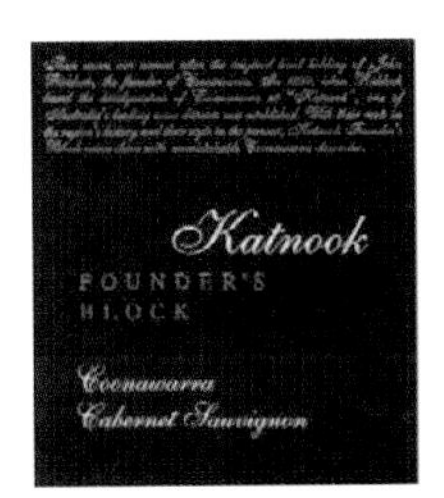

Katnook Estate Founder's Block Cabernet Sauvignon, Coonawarra
澳大利亚
13.5% ABV $$ R

22 在泳池边

这是盛夏的季节，已经放学或者下班了，蓝色而凉爽的湖水吸引着你。在这种放松、懒洋洋的情绪中，我们要喝的葡萄酒需要满足三个要求：首先需要适合气氛；可以消除疲劳；同时，考虑到高温和饮用时间，它必须是低度酒。近些年，最能满足这些需求的葡萄酒受欢迎程度激增，部分原因是由于为数众多的嘻哈明星对它们的认可（可以看到一些在湖边的影像中明星们喝着这些酒，由此提升了它们的价值）：比如微泡、清甜的莫斯卡托酒。它的名字来源于意大利葡萄品种，在其他地方以麝香葡萄而广为人知。酒中能复制葡萄果实的风味，而不是和其他水果相联系（例如赤霞珠酒中的黑醋栗味或者长相思中的百香果味）。这种酒源于意大利西北部，也是它最好的产地。高水平生产者的出品有着令人陶醉的花香，酸度足，同时略带甜味。它在美国加利福尼亚和澳大利亚也变得流行起来，酒精度只在5%左右，几乎可以整天都喝，可以在休闲的午后搭配着水果沙拉来享用。

“夏日的午后！夏日的午后！我觉得这是最美妙的时刻。”

——亨利·詹姆斯

CERUTTI MOSCATO D'ASTI SURI SANDRINET, CASSINASCO

产地： 意大利，皮埃蒙特
风格： 起泡甜白酒
葡萄品种： 麝香葡萄
价格： $$
ABV： 5.5%

热情洋溢的莫斯卡托·达斯蒂酒永远会令你绽放微笑。这款酒的香气更接近未发酵水果汁而不是酒精饮料：它充满着麝香葡萄和春天花朵的芬芳。泡沫细腻，清甜，清新柑橘般的酸度使得它不会让人倒胃口。对于湖边啜饮最重要的还是关于酒精度。5.5%的酒精含量，不至于会让你一头栽到湖里或者在剩下的时间里感到精疲力竭。

配餐： 意大利人喜欢在享用这款葡萄酒的时候搭配些以水果为主的甜品，甜味和柔和的酸度相结合，比如搭配一大碗草莓，那真是太美妙了。

畅销酒品

因为酒客的追捧，出现了大量工业化生产的加洛酒。一些受人尊敬的同行劝我尝试一下这款热卖的甜酒，结果令人愉悦。这款酒并不复杂，有葡萄、桃沙拉的味道。

Gallo Barefoot Bubbly Moscato
美国，加利福尼亚
8.5% ABV $ SpW

闪烁在按摩浴缸边

尽管与科斯特酒的极力吹捧者Jay-Z有过一次不愉快，但这款酒对洋洋得意泡在按摩浴缸里的人确实很合适。它值得夸耀的确实不仅仅是它的价格。这是一款亮闪闪的香槟，可以珍藏几十年。

Champagne Louis Roederer Cristal Champagne
法国
12.5% ABV $$$$$ SpW

起泡红酒

就像莫斯卡托·达斯蒂一样，布拉谢·达奎是一款微甜、低泡、低度、皮埃蒙特特色的葡萄酒。区别在于，它是由深色果皮的葡萄酿成的桃红酒，或者，就像这款似一捧新鲜、水润、成熟的草莓和覆盆子的红酒。

Araldica Alasia Brachetto d'Acqui
意大利，皮埃蒙特
5.5% ABV $$$ SpR

在乡村俱乐部的泳池边

如果想创造更加低调内敛的湖边氛围，多一些与乡村俱乐部一致的情调，需要的就是杜松子酒与奎宁水。或者可以像那些在葡萄牙波特图的时髦英国人一样，用波特酒代替杜松子酒，以不至于太兴奋。

Taylor's Chip Dry White Port
葡萄牙，杜罗河
20% ABV $ F

23 招待不速之客

通常，寻找葡萄酒是为了一个具体的目的。也许是要来搭配一道菜，又或许，是要应景某个场合或迎合跟你一起喝酒的人。帮助你选择合适的酒正是这本书的目的。然而，还有另外一些葡萄酒，扮演的角色并不那么光彩夺目。就像后屋的男孩、候补演员、勤勉的工人，默默无闻地做着分内的工作。葡萄酒商通常会将它们售作日常饮用的葡萄酒，或者，你高兴的话，称之为家酒。它们非常平常，你可以整箱地买来装满厨房的葡萄酒架子：这是会让你百喝不厌的红酒或白酒，你可以用它组织小型派对或作为深夜在办公室的夜宵，或者是招待突然到访的朋友。这些葡萄酒不怎么令人大惊小怪，香味和质地不会太突出、锐利和丰满。它们较为普遍是因其新鲜而易饮。在法国，人们称之为“vins de soif”（照字面的意思就是，“给口渴的人喝的葡萄酒”）。

“如果不是为了迎接客人，所有的房子都与墓穴无异。”

——哈利勒·纪伯伦

FRANCESCO BOSCHIS PLANEZZO DOLCETTO DI DOGLIANI

产地：意大利西北部，皮埃蒙特
风格：果味红酒
葡萄品种：多姿桃
价格：$$
ABV：13%

在皮埃蒙特，由多姿桃葡萄酿制的酒是人们日常生活的一部分，具有黑樱桃和夏季浆果蜜饯的风味，是一年四季午餐和晚餐的基本酒品。它们颇为质朴和尖酸（名字中有“一点甜”的意思，在某种意义上有点用词不当）。最好的生产者，例如在多利尼亚地区的弗朗西斯科·波斯切斯，制作更为严肃和谨慎，生产出来的葡萄酒更富质感、复杂和纯净。

配餐：冰箱里的食物都可以与之搭配，帕尔玛火腿、意大利蒜味腊肠或者意大利面食会更好。

胭脂红酒

这款清淡而绝对易饮的红酒由蒂埃里·布泽雷特用黑品乐和佳美葡萄酿制，这个著名的卢瓦尔葡萄酒制造商风格怡人而自然。口感柔和而清新，略有野味和泥土气息，以及红色浆果味。

Clos du Tue-Boeuf
Cheverny Rouge
法国，卢瓦尔
13% ABV $$ R

日常白葡萄餐酒

波尔多的一家较大的公司杜尔特，酿出这一永远值得信赖的白葡萄酒，新鲜、纯净并且很带劲，带着葡萄的味道以及长相思标志性的青草和香草特色。可以作为午餐的最后一道或傍晚闲聊时啜饮。

Dourthe La Grande Cuvée
Sauvignon Blanc
法国，波尔多
12.5% ABV $ W

一款满足所有要求的桃红酒

罗讷河谷南部的塔维尔产区致力于桃红酒，风格健壮而厚实，可发展成清淡型红酒。有着良好的酸度，能够带给舌头一点恰如其分的涩感，可以搭配各种食物（鱼、肉或者奶酪）；充满生气的成熟的草莓果实味使其适合单独饮用。

Domaine Pélaquié
Tavel Rosé
法国，罗讷
13% ABV $$ Ro

接待午夜拜访

如果你的朋友在你夜晚放松下来的时候来拜访你——通常为了讨论一些对他们特别重要的事情（对你倒不一定），这时，你需要一款来自西班牙西北部颇具深度的红葡萄酒。有着深色水果和香料的层层香气，未经橡木桶陈酿，香味饱满而不显得粗壮。

Bodegas Monteabellón Avaniel,
Ribera del Duero
西班牙
14% ABV $$ R

24 在墨西哥风味餐馆

辣椒是墨西哥菜系的核心。但是这并不像看起来那么简单。就和爱斯基摩人一样，被普遍认为（当然也可能是假的）的对雪的称呼有五十种表达方式，墨西哥也有很多不同种类的辣椒，它们中的每一种都有独特的芳香和风味，被欣赏的程度就和它的热辣程度一样：墨西哥胡椒、塞拉诺、切拉卡、红辣椒——这个清单可以列到两百种，甚至更多；还有干红辣椒，带着甜甜烟熏风味的成熟熏制辣椒。无论哪个品种的红辣椒都可以找到，以这种或者那种形式，进入墨西哥人的美味菜肴：或者作为五香调料的基础、肉或鱼的腌泡汁的成分，又或者加进土豆沙拉。它同时还是那些看上去不像出自墨西哥人主意的跨国风味菜肴中的重要原料：墨西哥与美国风味的墨西哥卷、炸玉米饼、墨西哥炸玉米片、鳄梨沙拉酱和墨西哥辣肉酱。在一个以墨西哥风味为主题的连锁餐馆，无论你是在享用传统的瓦哈卡黑酱还是墨西哥煎玉米卷，对你选择葡萄酒带来最大考验的还是那份热辣。可以针对葡萄特色进行选择，找到可以替代传统啤酒、龙舌兰酒和麦斯卡尔酒的葡萄酒。

“红辣椒，就和爱一样，总是无法捉摸，只有你亲自品尝过后，你才会明白，它到底有多辣。”

——戴安娜·肯尼迪

DE MARTINO LEGADO RESERVA CARMENÈRE

产地：智利，迈波
风格：饱满强劲型红酒
葡萄品种：佳美娜
价格：$$
ABV：14.5%

几年前，智利酒的销售团队举办一些促销活动，来彰显用当地佳美娜葡萄酿制的酒搭配咖喱是如何美妙。这是一个有悖常态的搭配方式，很多专家建议辛辣的食物与半干型白酒搭配，这是他们遵循的规则。事实上也有些带叶和香草味的强劲红酒也能与辛辣、喷香的肉类菜肴搭配得很好。比如这款柔滑、有着李子和细微香草味，来自蒂玛尼酒庄的葡萄酒。

配餐：能够很好地搭配任何一种墨西哥风味的肉类菜肴，例如铁板烧牛肉、墨西哥辣肉酱或者黑酱鸡块。

搭配酸橘汁腌鱼

制作酸橘汁腌鱼时，生鱼片或者海鲜浸入酸橙和柠檬汁中，放入冰箱，食用时搭配番茄片、香菜和红辣椒。澳大利亚克莱尔谷的纯朴干型雷司令，独有精细的酸橙风味，对那些在拉美广受欢迎的菜肴起到完美的烘托作用。

Pikes Traditionale Dry Riesling, Clare Valley
澳大利亚
12.5% ABV $$ W

搭配鳄梨沙拉酱

鳄梨沙拉酱有着奶油甚至油腻的感觉，就和红辣椒与香草（香菜）的变化程度一样，取决于配方。这就需要重型、芳香的白葡萄酒来搭配香草，有着很好的酸度而且丰满。这款有着桃和花香的阿根廷葡萄酒值得一试。

Susana Balbo Crios Torrontés, Cafayate
阿根廷，萨尔塔
13.5% ABV $ W

搭配番茄和红辣椒菜肴

红辣椒和番茄，是墨西哥烹饪的关键成分，比较难搭配葡萄酒。如果红辣椒不太辣，带有强烈酸味的、低价的基安蒂红酒就能够很好地搭配番茄的酸性，香草的味道与芫荽相呼应。

Melini Chianti
意大利
12.5% ABV $ R

搭配法士达（一种墨西哥食物）

法士达是墨西哥餐馆中的必备餐点，玉米薄饼卷中包着的极度辛辣的烤牛肉条或烤鸡肉条，需要搭配一款香气饱满、带有甜的健壮红酒，来缓解辣味。这款成熟、果汁味浓而凉爽的歌海娜酒刚好可以满足要求。

Bodegas Nekeas
El Chaparral de Vega Sindoa
西班牙，纳瓦拉
14% ABV $ R

PUJOL的酒单

作为票选的全世界五十佳餐馆之一，墨西哥城的PUJOL证明了墨西哥烹饪颇具工艺性。精良、现代的制作方法体现在油炸蛙腿、尤卡坦焖肉、玉米粉薄饼蛋奶酥等餐点上。酒水单上主要是本地葡萄酒，难得会出现在其他国家的墨西哥酒品，比如莫高-巴丹、维尼古拉，与这些酒品列在一起的还有美国、智利、阿根廷和西班牙的畅销酒品，包括来自法国的经典酒。

25 调和邻里关系

十月那个星期六发生了一起吹叶机事件：邻居鲍勃一大早起来用他的机械修剪草坪，轰鸣声折磨着周末住在家中的你，同时还使得你刚清理过的边道重新变得像森林的地面。还有生日棒球事件，你十岁生日的儿子击出的全垒打越过了中央运动场（鲍勃的栅栏）。这之后，事情越发变得糟糕，一次次累积、增加愤怒和尴尬：被莫名移动过的栅栏，整个管道的堵塞，邻里关系降低到了历史冰点。需要做些什么来缓和一下了。你不希望对抗下去，你同样不希望搬家。放下你的傲慢，请鲍勃来自己家，来一块自家做的“友情蛋糕”和一杯最能让人软化的饮料：金色的、甜蜜的餐后甜酒。它不会让你的邻居转变成来自天堂的天使，但它如此甘美、甜腻而美味，即便最难处的人内心也会变得甜美。

“当使者用他们的嘴来恭维你的时候，这是你的敌人传递给你的他们想要停战的信号。”

——孙子，军事家

CHÂTEAU DE SUDUIRAUT LIONS DE SUDUIRAUT SAUTERNES

产地：法国，波尔多
风格：甜白酒
葡萄品种：混合
价格：$$
ABV：13%

波尔多的索泰尔纳地区是全世界最著名的甜酒的故乡。它们得到人们如此强烈的喜爱，是因为用于制作干红酒的葡萄受到葡萄孢菌的侵染，而使得糖分浓缩。生产者绪帝罗酒庄认为，这款酒可用以替代该地区的顶级特选酒，更为清淡，不那么油滑。有着清新杏子和柑橘蜜饯的味道，香气扑鼻、清澈、明亮，回味悠长。

配餐：可搭配经典的法式传统苹果挞，但是最好叫它苹果派，因为你大概不希望你的邻居认为你在试图用奇怪的方式威胁他。

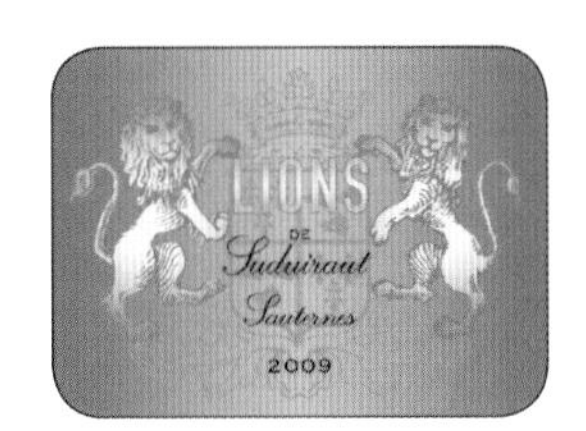

经济之选

圣地亚哥北部的利马里谷是智利出产最激动人心的葡萄酒的地区之一。那里气候干旱，类似沙漠，但是有着凉爽的风，这就像为葡萄园安装了空调系统，有助于保留新鲜的酸度，使得酿出的酒颇具活力，有着桃子和花香，以及令人愉悦的黏性。

Viña Tabalí Late Harvest Muscat
智利，利马里
12.5% ABV $ SW

德国甜酒

天然的高酸度让雷司令非常适合于制作甜酒（见下文）和干型酒。精力充沛的约翰内斯·雷茨在每一个年份制作出让人迷惑的不同系列酒款。这款酒有着桃子和花的甜味，夹杂一点酸苹果味。

Leitz Rudesheimer Klosterlay Riesling Auslese
德国，莱茵高
10.5% ABV $$ SW

略干型酒

如果你的邻居并不像你想的那么好说话，这款微甜的葡萄酒或许是一个较好的赌注。具有说服性的饱满度和密度，有着柑橘、桃子、肉桂和生姜的气味，没有糖浆似的黏稠感。

Trimbach Pinot Gris Reserve
法国，阿尔萨斯
13% ABV $$ W

一定要选红酒的话

法国南部的“波特酒”，这款甜型加强酒有一种感染力，这有赖于它鲜明的黑色水果味——蘸有巧克力的黑莓和黑樱桃味，余味带有烟熏和胡椒味。

Mas Amiel Maury
法国，鲁西荣
16% ABV $$ R

糖分和酸度的平衡

正像如果可口可乐没有大剂量的柠檬酸，也会变得让人不堪忍受、令人作呕一样，太甜而缺少自然酸度的葡萄酒也会让人觉得没劲和难喝。酸度可以平衡甚至掩盖甜味。在一些高酸度水平的半干型葡萄酒中，每升含有几克的糖（索泰尔讷通常是130克左右），尝起来就非常干。

26 婚礼彩排晚宴

在筹备婚礼的时候，日益上升的花费难免会引起恐慌的感觉，彩排晚宴看起来就像一笔不必要的支出了。当然，如果你是新郎的父亲，或许会情绪暴躁，建议你的儿子和他的未婚妻去看一看欧洲人是如何办事的：那里没有彩排晚宴，简单地一次搞定。但是那样或许会有一点不礼貌。多年后，当这对夫妻回过头去看他们的婚礼的时候，大多记得的是最温情的婚宴的排练场景，哪怕它只是在一家美食餐馆举行。与对他们来说伟大的日子本身相比，彩排晚宴的氛围轻松，毫不拘谨。这时候的场景更加人性化、更加亲密，因为参加的通常都是夫妻最亲密的朋友和家人，新娘和新郎也不会在压力下“表演”。祝酒（甚至是嘲讽）更添轻松、自然，无需经过事先精心安排，在好日子里必须要有的发言。小夫妻可以自由地放松下来，享用一两杯上等的经典美酒，带着果味，平易近人。就算不便宜，但也不会太贵——毕竟，这只是一次排练。

“让我们用美酒和甜言蜜语来庆祝这个时刻。”

——普劳图斯《驴的喜剧》

DOMAINE VINCENT CARÊME ANCESTRALE PÉTILLANT

产地：法国，沃莱
风格：半干型起泡白酒
葡萄品种：白诗南
价格：$$
ABV：13%

香槟要等到明天才喝，但在今夜还是想拿起杯子喝点什么，这款来自卢瓦尔的柔和起泡酒可以完美替代那些法国更偏东北区域的昂贵酒品。在经典的香槟法中，产生气泡的二次发酵过程中的死酵母细胞，在封瓶、销售前要去除。这款酒采用祖传方法，在法国小范围采用，是将酵母留在瓶子中。这样酒看上去浑浊，像瓶装麦芽酒，但维森特–卡列梅风味却异常透彻，展现的质地和畅流的泡沫，以及略微的甜味吸引了那些觉得香槟太过无味的人。

配餐：酒中的甜度适合与清淡的水果甜点搭配；柔和的酸度同时让它成为软（质）干酪的完美搭档。

彩排晚宴白酒

位于葡萄牙中心的杜奥地区将要被它的邻居杜罗河谷夺去光彩，但是这里的顶级葡萄酒的价格却不可思议地便宜。金塔·多斯·罗克作为该地区最好的葡萄酒之一，这款复杂的白酒采用本地品种依克加多酿制，有着坚果、水果、香草和矿物质风格，可挑战昂贵的勃艮第白酒。

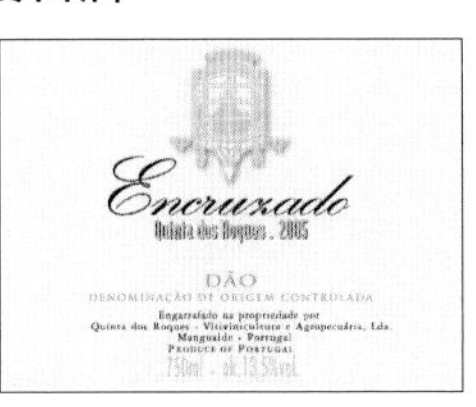

Quinta dos Roques Encruzado
葡萄牙，杜奥
13% ABV $$ W

彩排晚宴红酒

巴巴莱斯科酒对于彩排晚宴来说，或许显得太奢侈了，同时它或许还有点劲头太大了，但是在同一地区用更新的葡萄藤上的相同的葡萄酿制的红酒，尽管是为那些年轻的饮酒者所设计，或许正是所需要的。确实，这种充满樱桃和玫瑰香味的葡萄酒在意大利的任何婚宴晚会上都能拿得出手。

Sottimano Langhe Nebbiolo
意大利，皮埃蒙特
13% ABV $$ R

彩排晚宴桃红酒

桑塞尔是著名的令人愉悦的长相思白酒的故乡，这里同样出产黑品乐酒，以及柔和高雅的红酒和脆爽、香气柔和的桃红酒。帕斯卡·若利维这三种酒都有生产，其中桃红酒清淡可口、多变且充满野生草莓的香气。

Pascal Jolivet, Sancerre Rosé
法国，卢瓦尔
12.5% ABV $$ Ro

彩排晚宴餐后甜酒

在婚礼前的一天晚上，你不太可能喝太多甜酒，一些含有水果的食物比巧克力会更好。这款清淡而甘甜的德国白酒，有着跳跃的酸橙酸度，成熟杏子和柑橘的香气可以让你优雅入睡。

Meulenhof Erdener Treppchen Riesling Auslese Alte Reben
德国，摩泽尔
8.5% ABV $$ SW

27 平日待在家中

就和今天一样的某一天，你唯一想做的就是尽快回家。明天会很忙，但是至少今晚没有任何让你感受到压力的事要去做，也没什么特别的计划。你会看一会电视，或许上会儿网，或许拿本书爬到床上或者来浴室。唯一需要做的就是到你青睐的食品杂货店做一个短暂的停留，买一些快速便捷的食材：意大利面食和一瓶沙司，一份披萨，或者从熟食店买的来的预先加工好的餐点。来点葡萄酒——你肯定会喜欢喝上个三两杯，因为它能够让你从紧张忙碌中解脱出来。不必去寻找那些知名的顶级酒，也不必为选择痛苦纠结。找寻一些简单、要求不高，而且便宜的酒品，当然不是藏在货柜底部的看上去令人生畏的药酒。来自法国南部、意大利或者伊比利亚半岛，可每日饮用的适中酒就很合适，简单地说，酒的风格要符合我们的日常生活。

“葡萄酒能够让一顿饭变成一个场景，能让饭桌变得优雅，能让每一天变得有趣。”

——安德烈·西蒙

CHÂTEAU DE PENNAUTIER CABARDÈS

产地：法国，朗格多克
风格：辛辣型红酒
葡萄品种：混合
价格：$
ABV：12.5%

即便很有钱，你也不会每天晚上去吃米其林星级食品，更何况它会对你的腰围产生影响。良好膳食需要注意太多方面，丰富而复杂，很伤脑筋。同样，即便是酒量深不可测的人，也不会愿意一直喝烈度葡萄酒。有时一杯普通，甚至有点纯朴的日常餐酒，会比一杯精致的特选酒更适合你的心情。或许把这款来自法国南部混合罗讷和波尔多风格的酒形容为简单就有点太随意了，有着脆爽黑莓果味、松木味，以及新鲜爽快的口感，是一个让人喝起来感到快乐而无需考虑太多的选择。

配餐：肉类饮食，无论是波伦亚的意大利式细面条、烘肉卷，还是扒羊排。

盛夏时节

维蒙蒂诺在地中海盆地，包括法国南部的罗尔，都广为栽培。莱斯·伊奥斯葡萄园高性价比的酒品简单而充满活力。有着柠檬-酸橙的酸度，口感饱满。可单独啜饮，也可搭配鱼。

Domaine Les Yeuses Vermentino
法国，奥克地区
12% ABV $ W

寒冬的时节

英国的赛明顿家庭的出品仅落后于一些世界最著名并最受喜爱的波特酒。和很多杜罗河谷的生产商一样，近年来他们将目标转向餐酒。出产的家庭红酒充满了李子、西洋李和黑樱桃的味道，适合搭配冬天的砂锅菜。

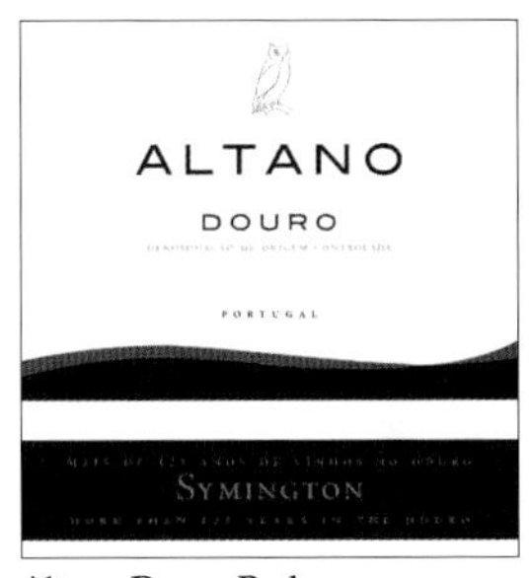

Altano Douro Red
葡萄牙
13.5% ABV $ R

搭配意大利面食

普米蒂沃葡萄与增芳德有着亲缘关系。它们同样圆润，充满黑果香气，并在酒中充分展现出来。酒的浓缩度极高，充满果汁感，可以搭配番茄酱意大利面、红肉、披萨，或者在看电视时啜饮。

A Mano Primitivo
意大利，普利亚
13.5% ABV $ R

工作日的接待

阿塔拉西亚酒庄的名字在希腊语中表示放松、平静的状态，这种低温下生长的霞多丽酿出的酒完全可以将你引入这种状态。它轻快而脆爽，混合热带水果和温暖的烟熏风味。

Ataraxia Chardonnay
南非，西开普省
13.5% ABV $$ W

28 婚礼

对婚礼最简单的描述，就是两个人对他们的爱做出公开的宣布并且彼此承诺，然后再举行一个宴会。但是结婚的决定只是一个开始，你开始进入一个大产业，带来的经济状态甚至关系一些小国家的产业。压力，繁文缛节，食物供应，旅游代理，要请的艺术表演……一开始，你或许会抗拒，坚持你所需要的只是一个简单的仪式，最亲近的朋友和家人，不需要什么花哨的。但是这些尝试都是徒劳的。现在可不仅仅是你们两个人，双方父母都已为你们的婚礼准备了很多年，或许甚至在你们出生之前。他们不会拒绝。随着婚礼的临近，越来越感觉像每天晚上你回到家里就意味着另外一个忙碌、难以应付的办公室里的工作日。你的周末变成一个个会见花商、音乐家、有机蜡烛专家的无尽的循环。你觉得精疲力竭，赞成每一个可行的建议，但有一点必须坚持：这是你们自己的宴会，如果让别人来确定该喝什么，那也太说不过去了。那就来香槟吧！

“我跟一个法官结婚了，我应该找陪审团的。”

——格劳乔·马克斯

CHAMPAGNE GOSSET GRANDE RÉSERVE BRUT

产地：法国，香槟
风格：起泡白酒
葡萄品种：混合
价格：$$$$
ABV：12.5%

戈斯特酒或许是大品牌中最不起眼的一个，一度被人们认为是在香槟酒产品中占主导地位的马奎尔酒。该地区最古老的葡萄酒生产商（和香槟其他酒庄一样，直到18世纪仍然生产静止酒）仍有着广泛的声誉。如果你想让你的婚礼打上你个人独特烙印的话，这款不太知名的酒会是一个不错的选择。它是最好的无年份香槟酒之一，香气浓郁，银铃般清澈。

配餐：当举杯庆祝的时候，你不会在想吃的，但如果选择这款香槟作为开胃酒，它能和很多开胃小菜搭配得很好。

向所有人敬酒

奥热河畔乐梅斯尼是香槟地区种植霞多丽最高端的特级葡萄庄，酿制香槟地区的明星酒。当地合作生产的葡萄酒勒梅斯尼迷人而丰满，价格也相对适宜（这可是香槟酒）。

Champagne Le Mesnil Blanc de Blancs Grand Cru
法国，香槟
12.5% ABV $$$ SpW

贵宾席上的敬酒

一个非常亲切和慷慨的朋友带来了一瓶这种复杂、看似强劲、羽毛质感的香槟酒到作者自己的婚礼宴会上。这只能成为个人选择，如果你想给参加宴会的所有人都提供的话，花费会像华尔街红利一般昂贵。但是为贵宾席或你的酒店套房备一份这样的酒应该不错吧？

Champagne Henriot Cuvée des Enchanteleurs
法国，香槟
12% ABV $$$$$ SpW

婚礼晚宴的白酒

顶级生产商查维·秋伊特酒庄出产这款怡人、有着令兴奋的浓度的霞多丽酒，葡萄来自普鲁尼-蒙拉榭之外（这就是为什么标志为勃艮第的原因）。它可以与很多打着著名村庄标签的葡萄酒相媲美（包括那些由查维-秋伊特生产的），但只需付出极少的花费。它还是鱼或鸡肉的一种非常时髦的搭档。

Domaine Chavy-Chouet Bourgogne Blanc Les Femelottes
法国，勃艮第
13% ABV $$ W

婚礼晚宴的红酒

澳大利亚西部的玛格丽特河地区可以与波尔多的相匹敌，在相同气候条件下用相同葡萄品种制作红酒。这款光亮、时髦的酒品有着黑醋栗和雪松味（经典的波尔多风味），比起类似价格来自法国地区的葡萄酒更加柔和，它几乎会对你的所有客人都有吸引力。

Cape Mentelle Cabernet/Merlot, Margaret River
澳大利亚西部
14. 5% ABV $$ R

在意大利风味餐馆

对大多数意大利人来说，无论从哪一点看，葡萄酒都是一种必不可少的食物。要是没有一两杯葡萄酒，肉都不是肉了：在意大利饮食文化中，这两者是极其相关的。意大利葡萄酒存在的全部理由就是担当起食物伴侣的角色，如果说食物担当着葡萄酒伴侣的角色，就不是（特别）正确了。那意味着葡萄酒在意大利（其量甚至超过法国），是为伴随食物而酿制的。单独饮用的时候，各种颜色的意大利葡萄酒都感觉更酸，红酒因为含有更多的单宁所以更涩，相较而言，来自美国加利福尼亚或者澳大利亚的葡萄酒单独饮用时就会更柔和。如果你就着来自托斯卡纳地区的野猪肉或者兔肉酱品尝一碗意大利宽面条，这时一杯酸的，看起来普普通通的基安蒂经典酒就会非常吸引人，酱中番茄的高酸度和肉的脂肪与酒的酸度以及单宁酸配合得天衣无缝。这只是一个例子，意大利葡萄酒和美食的魅力，以及看起来无穷无尽的各地区的品种变化，产生数千种美食和美酒的搭配方式，经过一代又一代人的提炼，等着你去尝试。

“我尽情享受着酒和面包，享受着由它们组成的盛宴。”

——米开朗基罗

FONTODI CHIANTI CLASSICO

产地：意大利，托斯卡纳
风格：强劲型红酒
葡萄品种：桑娇维塞
价格：$$
ABV：14%

这个意大利的典型红酒地区或许是因为它传统的菲亚斯科瓶子而被人们所熟悉，被诸多饮食店当作烛杯来使用，之前是用来盛放风味质朴的酒液。托斯卡纳基安蒂的红酒，尤其是该地区核心地带克拉斯科的出品，精致优雅。这些形容词更可用于福地葡萄酒，有着显著的纯度，用现代方式酿制，保留本地桑娇维塞葡萄的传统特色。这款百分百的桑娇维塞酒轻快而浓烈，单宁紧实，有着樱桃、牛至和烟叶风味。

配餐：饮食采用高质量的天然食材，风味浓烈而简单：强劲的橄榄油，新鲜成熟的西红柿，罗勒和牛至之类的香草，有丰富肉酱的鸡蛋宽面条，佛罗伦萨丁骨牛排，都可以搭配这款经典基安蒂红酒。

搭配海鲜意大利面

加维酒采用皮埃蒙特东南部的柯蒂斯葡萄酿制，在意大利西北部沿岸地区很流行。有着阿尔卑斯溪流般的清澈和矿质感，柠檬和香草的味道，绿苹果般的脆爽，适合搭配海鲜。

Broglia Villa Broglia Gavi
意大利，皮埃蒙特
12.5% ABV $$ W

搭配高端松露晚餐

意大利西北部的皮埃蒙特秋天会吸引来自世界各地的大厨和美食家，品尝这里珍贵的白松露。用这种精华制作的菜肴搭配以内比奥罗葡萄制作的优雅本地红酒，将会是天堂般的绝配。随着陈年，酒的香气更加浓郁。

Bruno Giacosa Barbaresco Asili
意大利，皮埃蒙特
14% ABV $$$$$ R

时髦的白酒

酒庄坐落在意大利中东部马尔凯地区的亚平宁山脉，这款卓越的白酒展示了普通葡萄品种的潜力。有着桃、杏和维蒂奇诺的特色坚果风味，这款有质感、精良白酒能够完美搭配家禽或者鱼类。

La Monacesca Mirum Verdicchio di Matelica Riserva
意大利
14% ABV $$$ W

在披萨餐馆

如果你足够幸运走进一家提供地道西西里岛食物餐厅的话，就可以选择这款用黑珍珠和弗莱帕托混合酿制的柔和清淡红酒，带有黑莓和红橙风味，柔滑，非常适合搭配当地特色菜肴，也是普通披萨的好搭档。

Planeta Cerasuolo di Vittoria
意大利，西西里岛
13% ABV $$ R

30 一个糟糕的工作日

在你的工作生活中总有这样的一些日子，你希望永远不要离开自己的床。可你必须步履匆匆地离开家，意识到如果车坏了或者巴士迟迟不到会有什么后果。到了公司，发现一切都不能按计划进行：客户投诉；老板处于愤怒之中；同事也不友好。一点小小的错误就被拿来当作你永远无能的证据；短暂离开办公室进行的友好的悄悄话被当作嚼舌。就连咖啡机看起来也在和你作对、电脑不停地对你说不行！在这样的日子里，你回家的时间看起来遥不可及，内心浮起西蒙&加芬克尔的歌曲：家才是你想要逃离的地方，家是你的音乐响起的地方，家是美乐酒等着你的地方。柔和、饱满、浓厚的美乐会成为你的镇痛舒适剂。葡萄酒营造的世界就像悠闲、温暖的洗浴，伴着柔和的音乐、蜡烛、一本好书，一板巧克力，它们将一切烦恼从脑海中抹去。

“劳动是醉鬼们的诅咒。”

——奥斯卡·王尔德

L'ECOLE NO. 41 COLUMBIA VALLEY MERLOT

产地：美国，华盛顿州
风格：浓郁型红酒
葡萄品种：美乐
价格：$$$
ABV：14%

华盛顿州出产的葡萄酒直到20世纪后期才日益知名，用来自法国波尔多的葡萄品种美乐酿制世界上最好的红酒。这款酒出自该州的一个顶级、先驱生产商，完美展现出华盛顿州的魅力：有着的黑果和红果味，单宁细腻柔滑，酒体明亮，堪称华盛顿酒的经典之作。

配餐：可以搭配小鲱鱼和顶级的土豆泥、羔羊肉做成的肉馅土豆馅饼；对美国人来说，它是烘肉卷的理想搭档。这款酒的力度和深度足够配餐大多数红肉菜肴，例如牛排、汉堡和烤肉。

经济型选择

智利的美乐酒在世界各地的超市里普遍存在，价格低廉，大多数表现一般。这款酒出自该国的顶级生产商，品质极佳，有着多汁的李子和黑莓果的风味。

Santa Rita 120 Merlot
智利，中央谷
14% ABV $ R

奢侈之选

沿着圣埃米利永，美乐酒在波尔多的波美侯地区达到巅峰，没有其他地方的美乐酒能够比这里的更精彩，这款酒中混合了一些品丽珠，耀眼、芳香而柔滑高雅。这款葡萄酒能让一个糟糕的日子变得很棒。

Vieux Château Certan, Pomerol
法国，波尔多
13.5% ABV $$$$$ R

如果不喜欢美乐酒

如果你已经被一些劣质的美乐酒倒了胃口，那么用饱满、充分成熟的黑品乐葡萄酿制的酒带来的奢华感会让你抛开沉闷的现实。圣茨伯里这款充满阳光的酒会理所当然地缓和压力带来的紧张情绪。

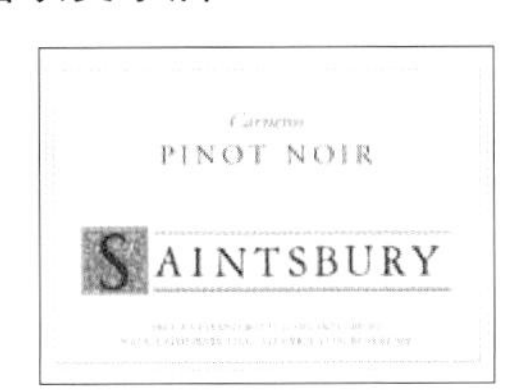

Saintsbury Carneros Pinot Noir, Carneros
美国，加利福尼亚
14% ABV $$$ R

白葡萄酒饮用者的心水

这是法国更南部的阿岱地区的勃艮第酒生产商推出的一款丰满型霞多丽酒。柔和、甘美，没有任何粗糙感，也没有橡木桶陈年的霞多丽酒的木屑味和奶油糖果般的甜味。

Louis Latour
Ardèche Chardonnay, PDO Ardèche
法国
13% ABV $ W

31 七月四日美国独立日

对美国人来说，七月四日是爱国主义庆典日，铭记使他们成为值得骄傲的美国人的一切。《独立宣言》中自由和民主的崇高信念深入人心，转变成日常生活中对自由和幸福的追求：棒球、热狗和汉堡包；乡村音乐、爵士音乐和摇滚音乐。总有些人会将国家的荣誉看得至高无上，同时他们认为自己是地球村的世界公民，让他们热血沸腾的不是街边传来的《星条旗永不落》，而是吉米·亨德里克斯的反正统文化电音。当然，他们也认为在夏季的国庆假日并不是件坏事，在这样的日子里，绝大多数美国人都会在外面度过，烤肉馆，街头聚会，或焰火游行，喝着来自美国各地的葡萄酒：纳帕谷的长相思，圣芭芭拉的黑品乐，手指湖的雷司令，或者俄勒冈的灰品乐，这总会激起人们的民族自豪感。

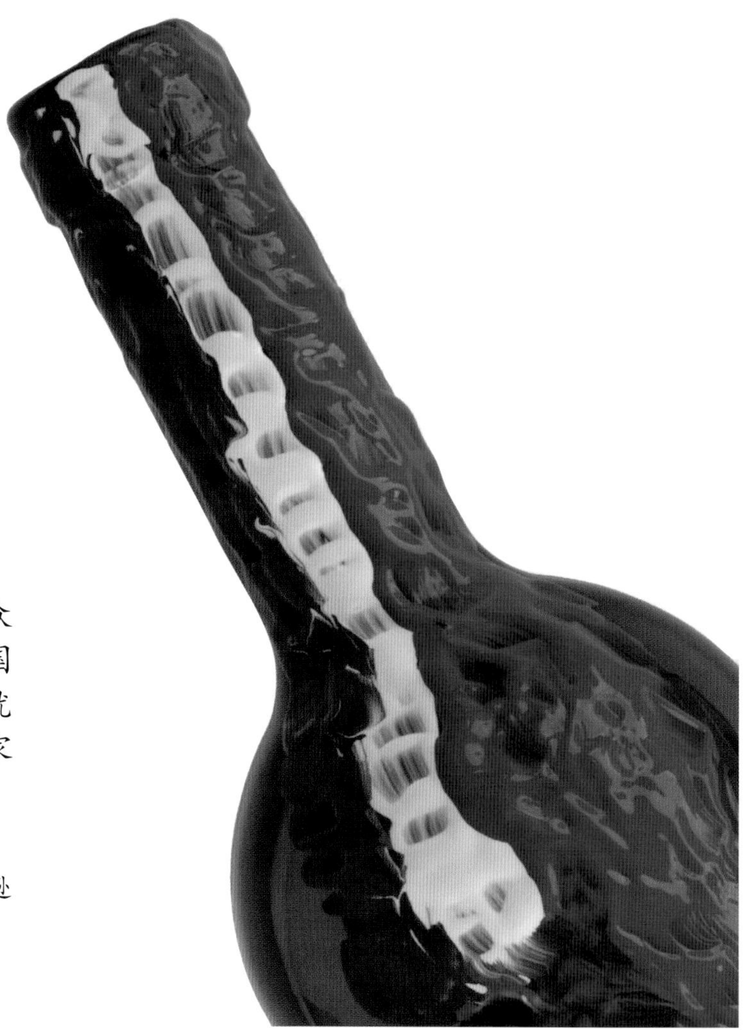

“通过使此酒为公众所熟知，我使得我的国家成为巨大的福利，就像我让它能够偿还国家债务一样。”

——托马斯·杰斐逊

STAG'S LEAP WINE CELLARS SLV CABERNET SAUVIGNON

产地：美国，加利福尼亚，纳帕谷
风格：强劲型红酒
葡萄品种：赤霞珠
价格：$$$$$
ABV：14.5%

一瓶在美国历史上具有里程碑意义的葡萄酒，鹿跃酒庄初次亮相的年份酒（1973年），在1976年的一次顶级红葡萄酒的盲评中就获得了英国葡萄酒商人史蒂芬·普瑞尔的认可，恰好是美国独立200周年。这就是著名的“巴黎评判”，后来成为畅销书和好莱坞电影的主题，评鉴会上用最好的波尔多和勃艮第葡萄酒来对抗最好的加利福尼亚酒，让大多数法国评委感到懊恼的是，最终加利福尼亚白酒和红酒脱颖而出，成功登顶。结果一公开，记者乔治·泰伯尔在《时代》杂志的撰写文章进行了宣传，这对于刚刚起步的加利福尼亚酿酒工业确实是个奇迹，证明了加利福尼亚酒可以与世界上最好的葡萄酒相媲美。酒庄创始人瓦伦·文纳斯基将其产业售与了合伙人，华盛顿州的斯蒂夫·米歇尔酒庄或意大利的皮耶罗·安蒂诺里酒庄，但酒仍旧保留了纳帕谷的经典风格：成熟，平衡，柔和，美味，同时可陈年——一款适合爱国主义者的好酒。

配餐：独立日是一个适合烧烤的日子，这款红酒能够漂亮地搭配焦烤的牛排。

经济型的爱国主义酒

出自华盛顿州红山AVA的先锋生产商的一款超值酒（葡萄来源于广阔的哥伦比亚峡谷），采用赤霞珠、美乐和西拉葡萄混合酿制，结构平滑，黑醋栗的味道鲜明；非常适合烧烤。

Hedges CMS Red, Columbia Valley
美国，华盛顿州
14% ABV $ R

焰火白酒

带有明显的维欧尼葡萄特色，有着特别浓烈的桃子、热带水果和白花香气，以及弹性、多汁的水果沙拉的味道，使得它成为一款适合观赏在夜空中的焰火时品尝的葡萄酒。

Smoking Loon Viognier
美国，加利福尼亚
13% ABV $ W

通用型白酒

这款酒的酿造方式更多是受阿尔萨斯灰品乐酒的影响，而不是意大利灰品乐酒。丰满而厚重，十分有力，充满丹麦曲奇风味以及新鲜柑橘味。适合搭配烧烤食物。

Duck Pond Cellars Pinot Gris, Willamette Valley
美国，俄勒冈州
13.5% ABV $$ W

告别英国

英国确实也酿制葡萄酒。不是太多，这是事实，但是产于英格兰南部的起泡酒具备香槟酒的诸多优点。纽坦伯现在由荷兰人拥有，是最好的生产商之一，其著名的经典特酿用来庆祝美国独立日会显得恢弘大气。

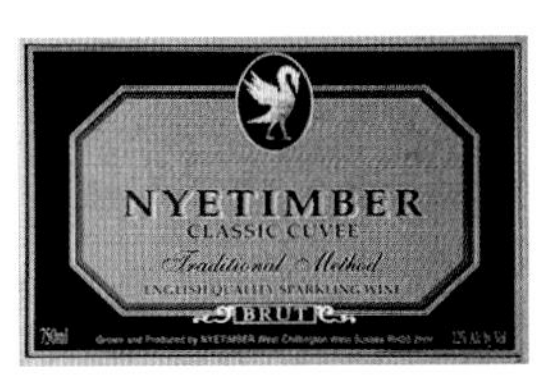

Nyetimber Classic Cuvée
英国，西萨塞克斯
12% ABV $$$ SpW

32 换了新的工作

紧张？一定会有这种感觉。这里的每个人看上去都明白自己要做什么，忙碌、专业而舒心。而你，穿着崭新的、不熟悉的衣服，感觉格格不入，特别不对劲。你被介绍给每一个人，他们看上去都足够友好，但也带着些警戒：“他好相处吗？”他们看起来在用笑容来掩饰疑问。“他会成为伙伴还是竞争者，队友还是独狼？”当然，你也在问自己同样的问题。你忍不住将每一个人与你曾经的同事相比较，那些老同事已经是你的好朋友，并且友谊会一直保持下去。你的选择正确吗？你终究真的需要离开那个老地方吗？然后你写了你的第一份E-mail给你的新同事，开始你的第一项任务，分享你的第一个笑话，并且你记得在看到这份工作招聘时你的兴奋感。时间飞逝，在你意识到这一点之前，一天就过去了。回到家里，你已经赢得了放松的权力。你需要一些不那么高档的酒品来缓和情绪。一杯凉爽的长相思酒在等着你，第一口喝下去，你就会发出满足的叹息，这种感觉只有在一天辛苦的工作后才能获得。

“最好的投入工作的方式，就是想象自己没有工作。”

——奥斯卡·王尔德

BLIND RIVER MARLBOROUGH SAUVIGNON BLANC

产地：新西兰
风格：芳香型干白酒
葡萄品种：长相思
价格：$$
ABV：13%

新西兰南岛的北部地区马尔堡出产的长相思葡萄，酿出世界上最有特色的葡萄酒：有着劲爆的醋栗、百香果和绿色植物风味（芦笋、灯笼椒、草）。这种风格曾经新颖而与众不同，或许在今天变得有一点刻板。表现好的时候，就像这款家族经营的布兰德河酒中充满活力的特性可以直达人的大脑的愉悦神经中心，解渴的同时净化大脑，与其他葡萄酒完全不同。

配餐：海鲜新西兰海产品丰富，可完美衬托长相思酒的自然高酸度；长相思酒也扮演了柠檬的角色，增添海鲜的美妙。这种风味也足够有力配餐亚洲烹饪——一盘用红辣椒、胡荽和姜烹制的对虾，或者是用辣酱烹制的白鱼。

经济型选择

智利的葡萄酒制造商用了过去的十年或者二十年时间向海边或者山区迁徙，以寻找更加寒冷、适合长相思生长时地方，以酿制更为新鲜怡人的酒品。这款酒来自一个靠近太平洋的地区，有着让人兴奋的清新柑橘特性。

Casa Silva Cool Coast Paredones Sauvignon Blanc
智利，空加瓜山谷
13% ABV $$ W

预算更丰厚一些时

凯文·贾德的灰瓦岩酒庄的经营证明了在新西兰葡萄酒中确实有不二之选。云湾创建者的杰出运营模式酿出这款长相思酒，有着葡萄果实的原本味道，以及矿物味和极高的纯度。

Greywacke Wild Sauvignon
新西兰，马尔堡
13% ABV $$$ W

下班后的红酒

博若莱在勃艮第的南部，以清新、清淡红酒而为世人熟知；这个地区的名字就象征着这种风格。采用佳美葡萄进行酿制，有着刚成熟黑莓的浓郁风味。

Henry Fessy Beaujolais-Villages
法国
13% ABV $ R

西班牙提神酒

长相思酒与众不同的风味使得人们界定了某个区域的特色。如果你希望将水果香气、明显的酸度与不同的风味系列相搭配，就选这款加利西亚的阿尔巴利诺，有着桃子的水果味和淡淡的咸味，极为清新。

Castro Celta Albariño, Rías Baixas
西班牙，加利西亚
13% ABV $ W

33

蜜月

蜜月，这个神奇的词语能够使我们忆起黄金岁月的情景，是我们中的大多数人在新婚的最初几个星期能够感受到的。那场先是紧张继而激动的婚礼已经结束了，不必再忙乱了，也不再受他人的打扰，只是与你深爱的人在一起，开始婚姻的旅程。不管你们的关系建立了多久，也不管你们将选择去哪里（并非所有的人都会选择阳光、大海和沙滩），情绪总是慵懒而平和的：你的感官被全部唤醒，唯一能够吸引你注意的就是心爱的人的眼睛以及从彼此眼中看出对方的渴望。这是一个理想、浪漫的场景，就带着这种理想主义走进婚姻吧。未来或许并不确定，就享受当下吧，当酒店吧台循环放着轻快愉悦的歌曲，你会意识到这一切都在现实之中。来到宾馆的阳台，倒上一杯葡萄酒，阳光照射到酒杯里，产生绚丽夺目的感觉：橡木和葡萄和谐统一的产物，感性的质地，饱满的风味，活泼而生动——就是这款霞多丽酒。

“蜜月的甜蜜将会长时间润泽我们的生活，直到我们逝去，否则它的光彩将永不褪色。”

——夏洛蒂·勃朗特

《简·爱》

AU BON CLIMAT BIEN NACIDO CHARDONNAY

产地： 美国，加利福尼亚，圣玛利亚谷
风格： 干白酒
葡萄品种： 霞多丽
价格： $$$
ABV： 13.5%

奥邦酒庄的吉姆·克莱门特酿制的这款霞多丽酒十分突出，打破了通常的霞多丽酒充满橡木味的印象。有着克莱门特标志性特色，果味丰富而平衡，尖锐的矿质感，明显的新鲜度，橡木桶的使用对香味起了辅助性而非决定性作用。现代加利福尼亚霞多丽酒中的经典。

配餐： 这款霞多丽酒非常适合配餐。因为酸度平衡，可以搭配鱼；因为厚重而丰满可以搭配肉食和蘑菇酱。

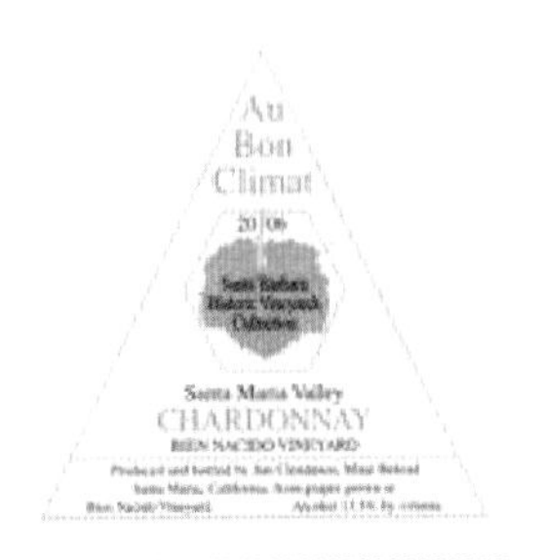

高雅型酒

这家葡萄酒酿造厂由一对英国侨民夫妇运营，位于比利牛斯山脚的利穆产区。利穆是法国南部的勃艮第酒重镇，产出高雅的霞多丽酒，可以让人体会到秋天果林的风味和感觉。

Domaine Begude Terroir Chardonnay
法国，朗格多克
13% ABV $ W

安静的澳大利亚

加利福尼亚霞多丽酒在配餐中可消解脂肪，澳大利亚霞多丽酒也一样。雅碧湖酒庄酿这种简洁风格的最好酒款，鼓皮般地坚实，带着矿质复杂度。

Yabby Lake Single-Vineyard Chardonnay, Mornington Peninsula
澳大利亚
13% ABV $$$ W

蜜月香槟

如果你见到“白中白”（blanc de blancs）的香槟酒标签，意味着这瓶酒完全采用霞多丽葡萄酿制。泰廷哲顶级特酿是此类酒中最棒的酒款。饱满奢华，堪称奇迹。这款酒并不便宜，用它来开始婚姻生活会是不错的选择。

Champagne Taittinger Comtes de Champagne Blanc de Blancs
法国，香槟
12.5% ABV $$$$$ SpW

情迷拉丁

霞多丽并不是唯一适合采用橡木桶陈酿的白葡萄品种。里奥哈的白葡萄品种维奥娜，如果不采用橡木桶就会变得非常中性，就这款现代酒品有着奢华质地和热带水果的饱满度。

Finca Allende Rioja Blanco
西班牙
13.5% ABV $$ W

ABC

全世界的葡萄酒制造商都有意模仿澳大利亚和加利福尼亚的成功，20世纪80年代和90年代，霞多丽酒因为自身的成功而成了牺牲品。黄奶、奶油般口感的仿制品充斥市场，时尚界声称他们要喝ABC（Anything But Chardonnay，随便喝什么都不要霞多丽）。如今生产商们在学习勃艮第的限制生产模式。而在新西兰到美国的索诺马，这种葡萄得到了复兴。

34 周六夜晚的朋友聚会

委婉地说，当你外出用餐时，餐馆的装修通常会使这里的葡萄酒价格比商店里的贵上三倍，这真是有点令人沮丧。不过，若你在家中也很享受的话，你可以告诉自己，用同样的价钱在商店买的酒比在餐馆买的质量要好上三倍。当然，质量和价格也不是绝对地正相关。很多因素，如声名、时尚、汇率，以及成本的差异（例如，智利的土地和劳动力比法国香槟产区的廉价），都会使葡萄酒的价格与其质量有所偏差。尽管如此，星期六晚上在家中和朋友相聚，绝对有理由喝比平时工作日高一两个档次的葡萄酒。这同样也会是一次尝试的机会，试试你过去从未尝试过的地区、品种或风格的葡萄酒，或许还可以试试不同的食物搭配。因为不是正式地小题大做式地去一家餐馆，你不必那么规范或拘谨。这种方式如此放松，品评葡萄酒就像一直以来的那样，是为了更好地进行社交，帮助你和你的酒友走得更近。

“对男人来说，发现一款好的葡萄酒比发现一颗新星感觉更棒。”

——列奥纳多·达·芬奇

MEYER-NÄKEL BLAUSCHIEFER SPÄTBURGUNDER

产地：德国，阿尔
风格：典雅型红酒
葡萄品种：黑品乐
价格：$$$
AVB：14%

说起德国葡萄酒，我们中的大多数人会想起白葡萄酒和雷司令葡萄。其实这个国家也出产相当多的红葡萄酒。其中最好的是用黑品乐（德国是世界第三大黑品乐酒产地，以斯贝博贡德而著名，排在法国和美国之后）酿制的。这里的白葡萄酒不便宜，品质日益提升，能在质量和风格上与之相比较的只有法国西部的勃艮第。科隆南部的阿尔峡谷是很多德国顶级红酒的故乡，迈耶-纳高是这一地区的明星酒，如丝般顺滑、原汁原味，新鲜的红浆果和凉爽的矿物质气息得到充分展示。

配餐：这款酒搭配禽类非常理想，例如松鸡、野鸡、鹧鸪、鸽子和鸭子。

冉冉上升的克罗地亚明星

克罗地亚的葡萄酒生产并没有什么新意（自从早期的古希腊移民到这里后就致力于生产葡萄酒了），但是自从南斯拉夫的衰落和巴尔干战争后，这里的葡萄酒酿制工业就变得引人注目了。这种意大利风格的伊斯特里亚半岛玛尔泽亚葡萄酒实为珍品，强劲而细致，有着香草、矿物质、杏子和杏仁的味道。

Kozlović Malvazija
克罗地亚，伊斯特里亚
13.5% ABV $$ W

无瑕的加利克白酒

这款酒和富含单宁、强劲的马迪朗红酒一样，都来自法国西南部的加斯科尼。阿莱恩·布鲁蒙特是酿制这两种风格葡萄酒的大师。这款干白酒充满异国情调，令人精力充沛，除了葡萄果实的味道还有着芒果和菠萝味道。

Château Bouscassé Jardins, Pacherenc du Vic Bilh
法国
12.5% ABV $$ W

高一个等级

智利最大的葡萄酒制造商孔查·y·托罗为大众所熟知，是因为其高品质的卡斯列罗·戴尔·迪亚波罗品牌葡萄酒。但是这里也出产一系列更为高档的酒，如果你愿意花费多一点的话。这款制作精良，以黑葡萄为原料的酒不得不说是一个巅峰。

Concha y Toro Don Melchor Cabernet Sauvignon
智利，上蓬特，迈波
14% ABV $$$$ R

惬意的异国情调

这款类似雪利的加强酒产自安达卢西亚的蒙蒂勒和莫利莱斯小镇，通常被那些赫雷斯生产的雪利酒夺去光彩，它们其实也非常棒。这种甜而黏的黑蔗糖浆似的酒液很适合直接浇在香草冰激凌上，或者直接拿它作甜点。

Alvear Pedro Ximénez de Añada, Montilla-Moriles
西班牙
16% ABV $$ F

35 在西班牙风味餐馆

在过去的二十年时间里，西班牙食品在国际上的名声已经发生了改变。如今西班牙的顶级厨师和饭店的等级按照世界美食界标准进行划分，西班牙风味已然成为全世界各城市相似的特色。费伦·阿德里亚成为西班牙烹饪界标杆式人物，他就是那个已停业的牛头犬餐厅后厨会加泰罗尼亚巫术的人。阿德里亚倡导复杂、幽默、超现实主义的烹饪风格，以各种花式、球形包装盒和有违直觉的组合（例如将白芦笋和初榨橄榄油进行组合、压缩），激发了国内和海外的一代大厨们。但是对大多数人来说，最常见的还是西班牙的风味小吃，烟熏的辣味香肠、炸鱿鱼、西班牙火腿、烤马铃薯和在柠檬水中浸泡的沙丁鱼之类的传统菜肴。西班牙多种多样的现代葡萄酒业为截然不同的葡萄酒提供了机会——从用现代技术复兴过时之处的新浪潮生产商，到主要的里奥哈酒和赫雷斯酒传统主义者，西班牙葡萄酒的国际声誉因此也从未比现在更高过。

"饥饿是世界上最好的调料。"

——米格尔·德·塞万提斯
《堂吉诃德》

GONZÁLEZ BYASS TÍO PEPE FINO SHERRY

产地：西班牙，赫雷斯
风格：强化酒
葡萄品种：帕洛米诺
价格：$
ABV：15%

从西雅图到萨拉曼卡，很少有西班牙风味餐馆没有储存有雪利酒。侍酒的方式对吗？很多人因为天气有一点变暖就搁置雪利酒，将一瓶精制雪利酒放在后面吧台上，一放就是几个月。但是在西班牙它一定会被人们记起：这是一款白酒，冷藏后倒入尺寸合适的葡萄酒杯，有着发酵风味新鲜咸味，是解渴的佐餐伴侣，品质极其稳定。

配餐：干型清淡精制雪利酒搭配西班牙风味小吃，例如蒜味的海鲜、坚果和风干火腿等，真的是一种乐趣。

现代西班牙风味红酒

用生长在蒙桑特地区的地中海黑葡萄品种酿制的葡萄酒与更著名（同时更贵）的帕勒特葡萄酒非常相似，具有丰富的果味，未经橡木桶，陈酿酒色漆黑、带有泥土味，适合搭配西班牙辣香肠或西班牙火腿。

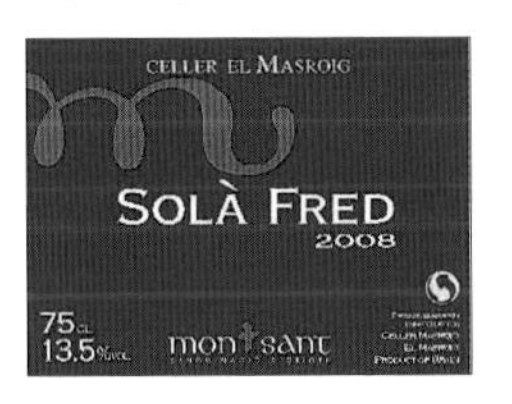

Celler El Masroig Solà Fred
西班牙，蒙桑特
14% ABV $ R

经典红酒

洛佩兹·迪·海伦蒂亚在里奥哈地区是一个伟大而古老的名字，这里依然真正保留着传统的用长桶和瓶子陈化的方式进行葡萄酒酿制，与此同时，那里其他的葡萄酒制造商都已经改变了这款酿酒方式。这款酒庄重而复杂，具有松露、皮革和烟草的风味，是牛肉的理想搭档。

López de Heredia Viña Tondonia Rioja Gran Reserva
西班牙
13.5% ABV $$$$ R

体验西班牙的清新风格

大西洋影响下的西班牙西北部加利西亚地区是这个国家最迷人的、芳香的白葡萄酒故乡。这种酒能够与这里丰富的当地海鲜很好地搭配。用格德约葡萄酿制，这款白酒特征明显，带着矿物质风味和花香。

Bodegas Valdesil Godello sobre Lías Valdeorras
西班牙，加利西亚
13% ABV $$ W

略胜一筹的卡瓦酒

卡瓦酒通常便宜而惨淡，但格拉蒙纳的经营方式与大部分生产商都不一样，这款起泡酒用它的橘子皮味和花香特色，以及其激情和清澈证明了它的高价物有所值。

Gramona III Lustros Cava Gran Reserva
西班牙
13% ABV $$$ SpW

牛头犬餐厅的酒窖

为了帮助牛头犬由餐馆转换为烹饪研究中心，大厨费伦·阿德里亚出售了他的酒窖。这次销售包括两千种西班牙葡萄酒和一些最珍贵的红酒陈酿，例如来自杜埃罗河岸的维加·西西里亚·尤尼柯，瓦布伦纳，彭高斯，来自里奥哈博得加斯地区阿塔迪酒庄的特级安尔达和帕格斯·维奥，以及一大串知名红酒名字，克洛斯·伊拉姆，克洛斯·穆加多尔，拉美达。这次销售筹得了几百万美金。

36 招待客户

对大多数人来说，在餐馆面对一份葡萄酒清单时，更多的是感到恐惧而不是有趣，甚至当我们和朋友或者家人在一起的时候也是这样。在商务接待中，特别是当有一份重要的交易或者合同摆在桌上的时候，我们对把事情弄砸后果的恐惧会更加强烈。咨询侍酒师通常是一个明智的选择，当你试图表现果断的时候也可以不那么做。消费太多将会使你（倒不如说使你的公司）看上去很浪费；花费太少又会给对方留下截然不同的印象。这样问题就复杂化，其实你只希望切实饮用和享受，希望感到舒适，而不是受到挑战。可是众口难调，没有葡萄酒能满足所有的要求，最安全的赌注便是这款柔和多汁的博若莱红酒，产自法国勃艮第地区的南部。在所有相互矛盾的需求之间，这款酒可以把控局面：它可以搭配鱼和肉；色泽饱满，但是足够柔和到对只喝白葡萄酒的人都有吸引力；别致而不失风度。

“吃好喝好的自然效果就是开创友情和制造亲密，并且人们被酒稍微弄得有点兴奋的时候，他们就会说出一些重要的秘密。”

——弗朗索瓦·德·卡利埃
《艾维克王子的谈判艺术》

DOMAINE COUDERT CLOS DE LA ROILETTE FLEURIE

产地：法国，博若莱
风格：清淡型红酒
葡萄品种：佳美
价格：$$$
ABV：12.5%

博若莱葡萄酒时常需要忍受拿它来和北方邻居勃艮第葡萄酒进行对比，它由佳美葡萄酿制，和贵族气派的黑品乐之间基本没有任何关系。弗勒里地区罗伊列酒庄的出品与众不同，它保留了博若莱酒和弗勒里酒众所周知的亮度、新鲜和柔和的特色，额外加入更浓的风味：黑醋栗味、樱桃味、少许矿物质味。它也非常适合陈年，特别是好的年份，如2009年和2010年

配餐：酒闷仔鸡、红酒酱鱼、鸭胸脯肉、洋香芹、配餐牛排……博若莱酒以它的用途广泛而著称。

经济型选择

某些葡萄酒一贯低调，看起来就像是其他种类的替身。这款精力充沛、令人快乐的樱桃味的红酒正是如此。淡淡的单宁，清新的酸度，像刚成熟的樱桃般鲜美多汁，是寒冷的时候搭配着鱼饮用的最佳选择。

Château de Pizay
法国，博若莱
12% ABV $ R

两种风格间的桥梁

还有种红酒，为博若莱的商标增添深度和质地，来自风车磨坊地带，该地区以酿制强劲、本真的葡萄酒而著称。在地点和风格上，这款酒介于芳香型勃艮第酒和更强健的罗讷酒之间。

Louis Jadot Château des Jacques Clos de Rochegrès Moulin-à-Vent
法国，博若莱
13% ABV $$$ R

澳大利亚的传奇

特宁高并不是一种纯种的葡萄，20世纪60年代在澳大利亚研发，是葡萄牙的本土多瑞加葡萄和苏丹娜葡萄的杂交后代。我想列举的（也是我所喜欢的）唯一例子就是这款有弹性、蔓越橘味、几乎不含单宁的红酒，作为澳大利亚对博若莱葡萄酒的回应。

Brown Brothers Tarrango
澳大利亚，维多利亚
12.5% ABV $ R

俄勒冈新酒

俄勒冈和加利福尼亚的许多葡萄酒制造商是由勃艮第和黑品乐激发了灵感，而非博若莱和加美。但是当一款葡萄酒如此美味、芳香、高雅和成熟，就像这个生物动力学栽培的成果一样，你会希望更多的美国葡萄酒制造商都去试一试。

Brick House Gamay Noir
美国，俄勒冈州，威拉米特谷
12.5% ABV $$ R

再会，博若莱新酒？

20世纪70年代和80年代博若莱酒的热销是由一个销售策略带动的，每年刚完成发酵的被称作“博若莱新酒”，生产商会争相在12月推出第一瓶新酒；而对于消费者，购买“博若莱新酒”的时间指定在11月的第三个星期四。“博若莱新酒日”依然存在，并且依然被例如远在日本的地方庆祝，但是种植户已经对这个策略失去信心，宁愿将焦点从低质的新酒转向更棒的出产中。

37 烧烤

无论是是南非的野餐烤肉、阿根廷烤肉，还是德克萨斯烤猪肉，烧烤都被打上了强劲风味的标签。不同的燃料带来多元的效果，从直接用木炭或豆科灌木的木片，到薰衣草、迷迭香和葡萄藤；腌泡汁的角色也很重要：甜的、黏的或者辛辣的，用上了大蒜、姜和红辣椒；还有烧烤食材本身，牛排、汉堡或香肠；最终，还需要一些沙拉和酱：用酸汁包裹的绿叶、凉拌卷心菜、辛辣的土豆沙拉、番茄酱、芥末、烤肉酱。这些既可以狼吞虎咽也可以细嚼慢咽的食物，需要寻找强劲有力的葡萄酒来搭配。含有必不可少的单宁的强劲红酒能够去除肉中的油腻感，足够多的水果味搭配甜的食物：那就必须是来自温暖气候地区的葡萄酒，例如美国加利福尼亚，澳大利亚，南非，南美的一些地区和欧洲的南部，这些地区能够延缓葡萄成熟的时间。如果你准备吃一些白肉或者鱼肉，或者招待有红酒恐惧症的客人，你可以选择单宁含量少的强劲桃红酒。

“葡萄酒……餐点中最智慧的部分。”

——亚历山大·仲马

BRAZIN OLD VINE ZINFANDEL

产地：美国，加利福尼亚
风格：强劲型红酒
葡萄品种：增芳德
价格：$$
ABV：14.5%

一种适合于美国所有传统食物的美式葡萄酒，口味始终强劲有力、口感宽厚，精华大部分在于高度浓缩的蓝莓、黑莓和乌梅风味，其中还有可乐豆和咖啡的味道，同时还有点橡木味，不太甜，也不太黏口，其葡萄藤已经有20~80年的历史。酿制这款酒的葡萄是新鲜的，但这种葡萄确实可以在葡萄藤上多停留些时间，风干后再酿。

配餐：所有这些果味都可以搭配慢慢炙烤的美国风味BBQ像经典的手撕牛排或者排骨，带着用豆科灌木作燃料形成的甜辣风味。

为barri准备的葡萄酒

非洲南部把烧烤叫做“barri”，包括南非香肠和腌制的烤肉串，特色鸡或羊羔肉，还有带有异国风味的肉品鸵鸟肉。这款酒的香味、辛辣味和精致的烟味明显是为barri而设计的。

Boekenhoutskloof
Porcupine Ridge Syrah
南非
14% ABV $ R

为烧烤准备的葡萄酒

切成各种样式的牛肉是阿根廷烧烤的主要内容，尽管其他肉类，例如巴塔哥尼亚的羔羊肉，还有鸡肉、鱼肉、西班牙血香肠也值得一尝。很难说出这个国家的葡萄酒有什么特殊的地方。这是一款很便宜但无比芳香的卡泰纳葡萄酒，用马尔贝克葡萄酿制，品质值得信赖。

Catena Malbec
阿根廷，门多萨
14.5% ABV $ R

提神的桃红酒

如果你正在吃着烤肉，比如鱼肉、鸡肉和红肉，需要一瓶葡萄酒来搭配，这款强劲而新鲜的桃红酒会是最好的选择。尤其是在炎热的日子里，红葡萄酒显得厚重了些，那么桃红酒就更合适了。马奎斯·卡塞雷斯葡萄酒清爽、新鲜、干型而强劲，有着甜蜜的草莓味。

Marqués de Cáceres Rosé
西班牙，里奥哈
13% ABV $ Ro

烤架上再放一只虾

另一个以烧烤为餐饮标志的国家就是澳大利亚。因为大多数澳大利亚人都生活在离海边很近的地方，澳大利亚烧烤以海鲜和鱼为主就不足为奇了。这款凉爽、清新、低度的干白酒由意大利品种韦尔曼蒂诺葡萄酿制，是烟熏小龙虾的理想搭档。

Mitolo Jester Vermentino, McLaren Vale
澳大利亚
10% ABV $$ W

38 怀孕了！

这是一个惊喜，这也是个震撼。准爸爸妈妈们或许要记下这个旅途开始的时刻，因为他们已经为此计划和梦想了很多年，如今测试盒显示结果的出现就像是天空划过的闪电。不管怎么样的情况，这最有力的几个字是：我们要有孩子了！这是我们一生中最重要的几个字，之前我们从来说出过。这就是一个奇迹。一会儿工夫而已，以前我们所理解的那些抽象观点，什么生命的奇迹，一下子都变成现实。还有九个月，我们就会从某人的孩子转变为某人的父母；九个月之后那间多余的卧室变成婴儿房。而当下的这一切只是个开始，想要庆祝的欲望强烈诱惑着你。作为准妈妈，你大概已经不能喝酒了，但是我们必须要庆祝一下，如果这款酒并不比水强烈太多的话，或者可以抿上一两口。德国的雷司令应该是最理想的选择。

“现在我的腹部和我的心脏一样重要。”

——加夫列拉·米斯特拉尔

DÖNNHOFF RIESLING KABINETT

产地：德国，纳黑
风格：半干型白酒
葡萄品种：雷司令
价格：$$
ABV：10%

德国在葡萄产区的北限，能够生存的葡萄品种是那些在积累了足够的糖分之前就达到完全成熟风味的类型。较低的糖分含量意味着在最后酿成的葡萄酒里酒精含量更少。例如这款酒，酿酒师选择不让全部的糖都发酵成酒精。一款令人愉快的雷司令酒，淡淡的甜味减弱酸度。

配餐：这款酒可口，并不清淡无趣，可搭配类似的食物：烤河鳟或者寿司。

干型酒

德国葡萄酒，特别是来自颇具声名的摩泽尔河谷的酒，已经成为清淡、微甜型雷司令酒的代名词，但这里干型或超干型的酒也日渐流行。保利尼奥酒俨然成为先锋，辛辣、富含矿物质味，也显得清淡、柔和，充满能量。

Paulinshof Urstuck Riesling Trocken
德国，摩泽尔
11% ABV $$ W

奢华型酒

这个杰出的葡萄酒制造商经营着一座优质葡萄园（日冕园），酿出这款令人兴奋的微甜酒，充满摩泽尔酒的特色：优雅、细腻，融入令人吃惊的丰富桃子和苹果的风味。

Joh Jos Prüm Wehlener Sonnenuhr Riesling Spätlese
德国，摩泽尔
7.5% ABV $$$ W

柔和的澳大利亚经典酒

温暖的澳大利亚葡萄酒业的异常之处就在于酒精浓度趋向于偏高。猎人谷的赛美蓉酒则是风格独特的极干型低度白酒，芳香味极浓，特别是那些经过陈酿的葡萄酒，温暖舒适，有着酸橙果酱和羊毛脂的香味。

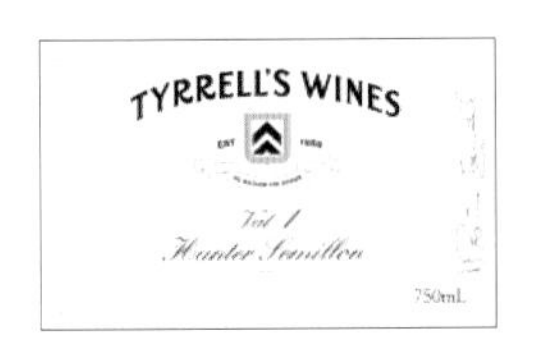

Tyrrell's Vat 1 Hunter Valley Semillon
澳大利亚，新南威尔士
10.5% ABV $$$ W

加勒比海葡萄酒

为什么本章节中酒精浓度最高的葡萄酒会出现在"怀孕"这里？对那些不希望冒险体验高酒精浓度的人，这可是巨大的欺骗。就像乌斯特郡或者塔巴斯科的调料，它是如此强劲，只需一小滴滴入一杯奎宁水中，就成了一杯可慢慢啜饮的干型美酒。

Angostura Bitters
特立尼达
45.6% ABV $ Spirit

葡萄酒和怀孕

怀孕期间可以喝葡萄酒吗？酒瓶上会有明显的警告标志，建议孕妇不要碰葡萄酒。但是官方医学建议是少喝为宜，可以在怀孕的第二和第三阶段每星期摄入不超过1 ~2个单位的酒精（一杯175毫升的12.5%体积酒精浓度的葡萄酒）。不同的文化有不同的看法，因此我听到了这样的俏皮话："我看到了一个法式怀孕法。"那是我怀孕的妻子正在享受一小杯葡萄酒的时候，酒侍这么说道。

39 招待有机饮食的客人

当你面对一排排摆放在潮湿阴暗的过道里的葡萄酒时，或许就能意识到，酒与土地有着不可分割的联系。事实上，葡萄酒是一种农业产品而非工业产品，这似乎扯远了。当你拜访一些大的葡萄酒厂时，一排排的不锈钢酿酒池会令你感觉这里更有工厂的气息，而不是充满家庭气氛的、牧师书中所描述的田园生活。然而，即使是最顽固、最愤世嫉俗的酿酒师也会告诉你，葡萄酒所展现的正是用来酿造它们的水果的特色。他们更愿意把自己看作农民而非工匠，并把更多的时间花费在他们的葡萄园里而不是酒窖里。很自然地，就像世界上无数的其他农民一样，他们中的大多数人都被自己亲眼目睹的现状所震惊：过量的化学物质作用在土地和作物中，是时候采用有机耕作或者生物动力学的方法了。大多数人会告诉你，自从有了这些转变之后，他们已经酿制出更棒的葡萄酒。这并不是说一切有机或者生物动力学方法酿制的葡萄酒都是最好的，然而无可置疑的是，世界上越来越多出色和优质葡萄酒正是用有机耕作和生物动力学方法产生的葡萄酿制的。

“让我们给自然一次机会，她知道如何处理得更好。”

——米歇尔·蒙田

WEINGUT WITTMANN RIESLING QBA

产地：德国，莱茵黑森
风格：干白酒
葡萄品种：雷司令
价格：$$
ABV：11%

考虑到生物动力学的实践起源于日耳曼人的世界，最早一批接受这种理念的人是德国和澳大利亚农民这一点也就不足为奇了。最近一个关于有机农业的调查表明，德国的生物动力学农业种植面积占全世界的47%。这个国家的葡萄种植者和酿酒者为这一统计数字贡献出了他们的份额，菲利普·维特曼的出品，比如这款令人兴奋、水晶般剔透的干型雷司令酒，为生物动力学葡萄酒的优质提供了非常有说服力的例证。

配餐：鲑鱼（从靠近生态农场的小河中捕来的理想野味！），配上辛辣的野树叶沙拉。

搭配有机牛肉

由西拉和佳美娜葡萄混合酿制，埃米利亚纳酒庄的科亚受益于领先的生物动力学葡萄酒生产专家阿尔瓦罗·埃斯皮诺萨。这是一款层次分明、风味极佳的强劲红酒，有着辛辣风味和黑水果芳香。

Emiliana Coyam
智利，空加瓜谷
14% ABV $$ R

奢华之选

勃艮第富于传奇色彩的罗曼尼康帝酒庄（DRC）每年用从顶级葡萄园收获的葡萄酿制少量葡萄酒。这些酒因其标志性的风味、清澈的酒体和可陈年而被人们所喜爱。同样采用生物动力学方法。

Domaine de la Romanée-Conti，La Tâche Grand Cru
法国，勃艮第
13.5% ABV $$$$$ R

生物动力学香槟

香槟省弗勒里区宣称是第一个生物动力学香槟的产地，如今其他一些小型种植户也采用了这个方法。Blanc de Noirs（用黑品乐酿制的白酒）是众人所瞩目的干型酒，有着涂有红醋栗果酱面包片的特色风味。

Champagne Fleury　Blanc de Noirs
法国，香槟
12.5% ABV $$$ SpW

献给执着于生物动力学的酒客

尼古拉斯·乔利是一个不知疲倦的生物动力学理念宣扬者（他能够就这一主题连续不断地讲几个小时，用他超越常规的理念煽动全世界听众）。他更为重要的身份是酿酒商。这款卢瓦尔白诗南干型酒十分经得起时间考验。

Clos de la Coulée de Serrant Savennières
法国，卢瓦尔
12.5% ABV $$$$ W

生物动力学是什么意思？

生物动力学的理念来自于澳大利亚人鲁道夫·斯坦纳（1861—1925），是一种有机耕作的形式，遵循星历和阴历。采用生物动力学的农民以非传统的实践，例如埋葬牛角去驾驭宇宙力而著名，这也使他们遭到了“涉及伪科学”的批评。他们或许并不将生物动力学标注在商标上。许多世界顶级的酒庄已经接受了这个系统，葡萄酒品质的提升和葡萄树的更新生长为此做出了所有有力证明。

40 晋升

你大概知道鲁德亚德·吉卜林的“两个骗子”。你知道你应当保持冷静，不要为眼下的情形感到骄傲，正如你不应当让糟糕的日子使你沮丧一样。当你付出了如此之多的努力，额外花费了如此之多的时间；当你心甘情愿，意志坚定，将你的本领和天资展现在这份工作上之后，如今终于得到了相应的回报。你只能说一句“太棒了！”然后打出一个尤塞恩·博尔特式的胜利手势。晋升是生命中能给人以最大满足感的成功。不仅仅由于更多的收入，尽管你不能否认这将让你每个月生活得更轻松一点。你也并不需要别人的言语和观点来激发你的积极性。不过当你知道自己在别人眼中的地位更上一层楼，你就可以更轻松地继续尽自己最大的努力去达成目标。你在稳步上升，为了记住这一切，你或许想要选择一些同样鼓舞人心的酒款，“葡萄酒世界的未来之星”，从名字上就能找到这种感受了。

“如果你遇见欢乐和不幸，用同样的方式对待这两个骗子……”

——鲁德亚德·吉卜林《如果》

DESCENDIENTES DE J PALACIOS PETALOS BIERZO

产地：西班牙，比亚佐
风格：红酒
葡萄品种：门西亚
价格：$$
ABV：14%

西班牙葡萄酒在其国门之外广为人知是因为两个地区：里奥哈和赫雷斯（雪利酒的家乡）。但是正如西班牙大厨开始用他们现代的烹饪法超越法国同行一样，一批新的葡萄酒生产商改变了西班牙葡萄酒的闭塞现状。最新的吸引大家注意力的葡萄酒名字是来自加利西亚的比亚佐，门西亚葡萄的故乡，这里出产强劲的葡萄酒，它们富于高酸度和单宁，堪称佳酿。这款命名巧妙的红酒拥有充满魅力、芳香的紫罗兰气息。

配餐：加利西亚菜炖肉、炖牛肉，西班牙辣香肠，牛排和鹰嘴豆，配上土豆和绿色蔬菜。

海角吹来的一朵新浪花

这款酒来自于南非的时髦地区，十多年前还不为多数人所知。得益于技能精湛的年轻葡萄酒生产商们，阿迪·巴登豪斯特正是其中的领军人物。这款白诗南酒口感饱满，酸度清新，独具个性，物超所值。

A.A .Badenhorst Secateurs Chenin Blanc
南非，斯瓦特兰
13% ABV $$ W

新西兰南部的新星

来自世界最南部的葡萄酒生产区域中奥塔哥的首款商业葡萄酒在1987年被推向市场。现在它正和勃艮第竞争黑品乐酒的王者。这款酒有着举重若轻、不事雕琢的气度以及丝绒般的口感，带着细微的薄荷芳香。

Felton Road，Block 5 Pinot Noir
新西兰，中奥塔哥
13.5% ABV $$$ R

推陈出新

以前不甚流行的葡萄品种佳丽酿日渐崭露头角。没有其他任何地方比智利的马乌莱地区的佳丽酿酒更激动人心，人们用老葡萄藤的果实酿出粗放、强有力，并且可口多汁、闪亮耀眼的红酒。

Louis-Antoine Luyt Trequillemu Carignan Empedrado
智利，马乌莱
14% ABV $$ R

西西里岛的超级明星

埃特纳火山仍旧是一座活火山，它为这个欧洲最激动人心的葡萄酒产区之一的地区增加了更深层次的内容。用来自当地的马斯卡斯奈莱洛葡萄生产的葡萄酒，柔滑、高雅、令人精神为之一振。

Graci Passopisciaro，Etna Rosso
意大利，西西里
13.5% ABV $$ R

其他稳步上升的地区

享用葡萄酒和其他领域的人类活动一样，时髦总是主题之一，葡萄酒爱好者们总是在寻找下一个优质产区。一直受追捧的赫赫有名的产区包括葡萄牙（特别是杜罗河、达奥和民豪地区），前南斯拉夫国家中的斯洛文尼亚和克罗地亚，西西里岛的埃特纳火山，凉爽的澳大利亚地区例如塔斯马尼亚岛和维多利亚的亚拉河谷，以及少量的法国西南部地区，例如伊卢雷基、居宏颂和马迪朗。

41 迎婴派对

准妈妈们一定会收到来自朋友、家人和同事的各式各样的送给小宝贝的礼物。迎婴派对的真正意义在于它是能够使准妈妈感应到母性的一个仪式。女性亲属和朋友欢聚一堂来分享她们世代相传的集体智慧，有关孩子的出生、抚养，孩子和父亲的行为，这些才是一个女人生命的真正意义。或许也有别的企图：用一个上紧发条的怀表放在让人期待的母亲腹部，来预测孩子的性别。这种代代传承的形式由此而保留。迎婴派对一定是一个轻松的庆祝活动。在任何一个这样的聚会上，葡萄酒永远不会成为焦点（准妈妈不太可能得到分享）。你需要为聚会准备一些物品，开胃小菜、礼物和智慧的语言。你也可以买少量的葡萄酒，但不用耗费太多财力。比方说，一些不太昂贵的法国西南部加斯科尼白葡萄酒就很合适：乡村葡萄酒是低调而含蓄的，就像亲爱的姑姑的建议。

“对一个男人来说，还有什么礼物，能比他的孩子更让他激动？”

——马尔库斯·图留斯·西塞罗

DOMAINE TARIQUET CLASSIC CÔTES DE GASCOGNE

产地：法国，加斯科尼
风格：清新型干白
葡萄品种：混合
价格：$
ABV：12%

如果你曾经被来自卢瓦尔或者新西兰、富于刺激性、味道青涩的长相思干白所征服，那么知名度较低的、法国西南部雅文邑产地的加斯康涅区也同样值得你去了解。这款酒酿造得活色生香，是一款清淡的白酒，混合了柠檬和少量薄荷草香的风味，具有深达人心、清新提神的功效，而价格则非常亲民。

配餐：在迎婴派对中，或者任何其他派对，低酒精度和清新的味道意味着其本身就可以作为任何场合的完美开胃酒。但是柠檬的味道也可以与海鲜的味道互补，使口感更加清新。

搭配纸杯蛋糕

这款柔和微甜的法国桃红酒充满生气，颜色呈淡粉，有着野生草莓风味。适当的糖分刚好可以搭配纸杯蛋糕，也有着干型酒的特色。

Famille Bougrier Rosé d'Anjou
法国，卢瓦尔谷
12% ABV $ Ro

给冬天出生的宝宝

对我们中的大多数人来说，当精神状态不好的时候，喝点红葡萄酒比白葡萄酒更有效。这款带有覆盆子果酱香味的红酒口感轻缓、柔和，无论是否搭配食物，都有出色的表现。

Bodegas Borsao Garnacha
西班牙，博尔哈庄园
14% ABV $ R

魅力之选

这款酒令人愉快，富于使人着迷的泡沫，有着果味慕斯以及特别纯粹的梨和柠檬风味。这款来自意大利北部的起泡酒会为你的派对增添更多的魅力。

Bisol Jeio Prosecco di Valdobbiadene
意大利，威尼托
11.5% ABV $$ SpW

派对礼物

在孩子21岁生日派对上，母亲可以用上这款甘美甜蜜而特别的酒。不管这款有历史意义的南非葡萄酒陈年多久，品尝起来感觉都非常棒。

Klein Constantia Vin de Constance，Constantia
南非
12.5% ABV $$$$ SW

42 搭配中餐

中餐在西方人眼中总是显得很别致。对于大多数美国人和欧洲人来说，“中国食物”通常代表着附近外卖店提供的餐点：中国炒面、烤排骨或是芙蓉蛋。事实上这只是中国多种多样的烹饪方式的一种：经过改良的、西化的（说起来更加美味适口）广东菜式。大多数中国菜爱好者会把中餐分解成三个具有独特特色的风格，每种风格中又有很多变化：北方富有亲和力的食物，四川热辣的香料，以及东部的甜美菜系。这些菜肴千变万化，无论在餐馆或者正式场合，真正想要分享的正是地域风格的展示。如果说欧洲菜肴是以逐一品尝为特色，那么在中国，各种各样的菜肴——风味和质地各异，将会作为整体全部呈现。如何找到足够丰富的葡萄酒去匹配这种宴会，是一大挑战。但是对于感兴趣的人来说，这至少是一次有益的尝试。

“食不厌精，脍不厌细。食饐而餲，鱼馁而肉败，不食。色恶，不食。臭恶，不食。失饪，不食。不时，不食。割不正，不食。”

——孔子

D'ARENBERG THE HERMIT CRAB MARSANNE/VIOGNIER

产地：澳大利亚，麦克拉伦谷
风格：浓郁型白酒
葡萄品种：混合
价格：$$
ABV：13%

现代多元文化的澳大利亚生物动力学出产的食物的烹饪深受亚洲影响，所以也就无怪乎很多这里出产的葡萄酒和中餐能够搭配得很好。这款由澳大利亚最古老的葡萄酒生产商之一酿制的浓郁的干白酒，有着强烈的白花、阿拉伯树胶、白桃和杏子的芳香，以及多汁成熟水果的味道，这意味着它能够应付中餐特有的油腻和辛辣特色。

配餐：对于搭配西化的中国菜式是一个很好的选择，例如鸡肉炒面或者香喷喷的酥脆烤鸭。

姜汁辣味的绝配

除了荔枝和玫瑰香气，就像很多由琼瑶浆酿制的葡萄酒一样，这款清澈、纯朴的酒也带着点姜味，它来自意大利北部这一葡萄品种的出生地，由杰出的合作生产商酿造而成，它和许多中餐特有的辛辣味相得益彰。

Cantina Tramin Gewürztraminer
意大利，上阿迪杰
13.5% ABV $$ W

海鲜点心的搭档

蒸、烤或者油炸，一口大小的海鲜馅饺子，口感紧实，特别适合搭配这款果味十足、风味道浓厚的香槟酒，来自一家可靠品质稳定的生产商。

Champagne Charles Heidsieck Brut Réserve
法国，香槟
12% ABV $$$ SpW

匹配大豆风味

大豆酱油的鲜咸风味与这款西班牙南部赫雷斯地区出产的加强型干酒有着异曲同工之妙。这款西班牙白酒风格的酒款含糖量非常低，同时带有坚果味。肉汤似的鲜咸风味能完美匹配和激发出以大豆为食材的腌泡汁的美味。

Hidalgo Amontillado Seco Napoleon
西班牙，雪利
17.5% ABV $$ F

川味香料

布克特拉博的香气类似于琼瑶浆和麝香葡萄，在19世纪由德国创造，但是现在几乎只存在于南非。这款酒有着浓烈的芳香和精细的甜味，可以平衡四川胡椒的热辣。

Cederberg Cellars Bukettraube
南非，希德堡
13.5% ABV $$ W

客家人餐馆的菜单

中国以外的中餐馆中，顶级的客家人餐馆起始于伦敦的米其林之星，现在遍布美国和中东。其中的菜式时髦，有些改变菜式如北京烤鸭配鱼子酱，烤神户牛肉配国王大豆酱，给人们留下深刻印象。配餐可以选择优质雪利酒、德国黑品乐酒，以及一些非常规的选择，如西班牙莫瓦西亚白葡萄酒和门西亚酒。

43 乔迁之喜

你需要整理一切杂乱。你也可以暂且放松下，用一张折叠式躺椅、一只钢琴凳，拿出搬家时打包后一直密封的黑胶唱片，改造出一个临时的餐厅。叫上一些外卖，还有一瓶为了这个特别的夜晚买下的特别的葡萄酒——在你确定要买这所房子的那天就准备好的。你需要做的就是找到它。盒子散落一地，随处可见，但在它们之间连一滴酒都没法找到。该喝什么呢？下次（尽管现在你热切地希望没有下次），你会记得把盒子标记得更清楚一点，而不是仅仅标记“厨房”和“其他东西”。但当下你只好认输。放弃吧，别再找那瓶酒了，试着在晚上的这个时间去附近唯一一家开着的商店。只是一家典型的便利店，陈列的只是未知来源的陈酒和大量常见的品牌，大多是工业化流水线的产品。但这些品牌对便利店来说不可或缺：它们已经成功成为很多人常喝的酒了。你能选到的葡萄酒或许不会像你脑海中想要的那样特别。但是你会感到惊讶：在今夜，当你用一个塑料杯喝它的时候，味道简直棒极了！

“尽管‘家’只是一个名称，一个词语，但它却有着无穷的力量；它比一个魔法师的所有语言都要有力，它是我们的精神家园，是最强烈的魔法。”

——查尔斯·狄更斯《马丁·朱述尔维特》

TORRES SANGRE DE TORO

产地： 西班牙，佩内德斯
风格： 柔滑型红酒
葡萄品种： 歌海娜/佳丽酿
价格： $
ABV： 13.5%

这是一款自20世纪50年代问世以来就畅销不衰的葡萄酒，托雷斯家族加泰罗尼亚语中的“公牛血”，酒帽上标示着一只常见、稍显低俗的公牛吉祥物。现在已经销售到世界上140多个国家，同时还是全世界便利店所信赖的货品。这是一款健康、刺激的歌海娜和佳丽酿混合酒，它有着柔和的质地以及成熟果实的气息，没有果酱的黏滞感。适合与各种食物搭配。

配餐： *以肉或奶酪为主料的外卖，例如覆盖有意大利辣香肠的披萨，配有蒜味腊肠的意大利面食，或者甚至只是一个热狗。*

合作的成果

哥伦比亚克雷品牌的拥有者圣·米歇尔酒庄是华盛顿州的最大生产商。这款带有李子、黑莓和黑醋栗气息，绝对值得信赖的美乐酒，十分浓郁而温暖。

Columbia Crest Merlot, Columbia Valley
美国，华盛顿州
14% ABV $$ R

澳大利亚的“大”品牌

与20世纪80年代和90年代知名度大涨的品牌相比，澳大利亚的大品牌雅各布斯·杰卡斯一直都是行业中的典范。这款基本的夏敦埃酒非常棒，采用橡木储存，浓缩、层次感分明的质地不断提升。

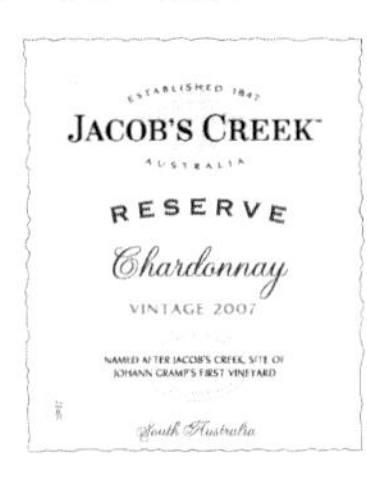

Jacob's Creek Reserve Chardonnay
南澳大利亚
13.5% ABV $$ W

常见的起泡酒

这款酒在吧酒和超市货柜上随处可见。这是一款质量始终如一的香槟酒，特别增加了新鲜清脆的绿苹果风味和柠檬、柑橘的酸度，在新家品尝它时颇令人愉悦而提神醒脑。

Lanson Black Label Brut Champagne NV
法国
12% ABV $$$ W

智利的“大”品牌

控制着智利葡萄酒业的大品牌生产商，大多注重效率而不盲目赶时髦顶尖的塞纳酒和唐·马克西米诺酒展现了埃拉苏里斯的资质和野心。所生产的廉价酒也不甘落后，例如这款口感醇厚、黑醋栗香味的红酒。

Errázuriz Cabernet Sauvignon
智利，阿空加瓜
14% ABV $ R

手工业VS工业

全世界最让人感兴趣的葡萄酒似乎大多来自小规模的葡萄酒生产商。究其原因，似乎同这些生产商更依恋土地有关。但是正如并非所有小规模的生产商都是优质的一样，大规模的生产商一样有能力做更好的事情。许多颇具声名的葡萄酒例如格朗奇、唐·培里依和伊甘都是由大型公司生产的。葡萄酒生产商们都相信，制作比那些少量的昂贵葡萄酒更便宜的大量优质葡萄酒需要更多的技巧。能同时做到价廉物美才是最好的。

44 买卖成交

当大吹大擂推销商品的言论和享乐主义的崇拜被假扮成道德典范的时候，我们不能把这叫做纯真年代；急速发展的21世纪前十年财富成为卖弄的资本，在某种程度上这种情况就更难以被禁止。当历史学家开始书写这个年代的时候，我有一种感觉，正像我们现在简单地用垫肩和香槟总结这雅皮风格的20世纪80年代一样。所以，21世纪前十年将会有一系列银行家们在餐馆一掷千金、把让人吃惊的大笔金钱花在葡萄酒上的故事。一件特别的事情成为时代的缩影：一群英国银行家在伦敦贝尔格莱维亚区戈登·拉姆塞升级版帕图斯餐馆里花了四万四千英镑在葡萄酒上，用来庆祝一笔生意的成功，这其中包括几瓶餐馆以其命名、传奇的波尔多酒庄的葡萄酒。这笔葡萄酒的账单数目是如此巨大，以至于拉姆塞给这群人的肉食免了单（仅仅400英镑）。银行家最终因这笔账单而受到了惩罚，但其中的讽刺意义依旧彰显：他们如此公开放肆正是这个年代的特色。在今天更加严峻的大环境下，对奖金的追求依然毫不逊色，但是接受奖赏的人会谨慎得多，不再四处炫耀。对那些更加谨慎的大老板和没有多少生意值得庆祝的凡人来说，在任何情况下都不需要去炫耀他们的私人游艇。你能够找到和这个年代银行家的习惯选择——顶级的波尔多酒，狂热的纳帕谷酒，素有盛名的香槟酒，对等的、并有着更合理价格的酒。它们适合于特别场合，与狡猾的信用卡违约不一样，不会令你倾家荡产。

“照顾好奢侈品，必需品会照顾好自己。”

——桃乐丝·帕克尔

CHÂTEAU SOCIANDO-MALLET

产地：法国，波尔多，上梅多克
风格：强劲型红酒
葡萄品种：混合
价格：$$$$
ABV：14%

波尔多的顶级葡萄酒就像一块磁铁，吸引着全世界富有和喜欢招摇的人们，它们的价格高达几百甚至几千美金（稀有的陈年酒）。但是如果你看透了所谓列级酒庄之类的排行，你就能够找到相同质量并且价格更加合理的葡萄酒。索榭马莲酒庄在官方排名中为低调的中级酒庄，但其酿制的红酒品质远胜酒庄排名，价格在50美金左右。

配餐：寻找一瓶至少十年以上的陈酿，其中的单宁和橡木味道已柔化，很适合搭配小羊肋骨肉。

成功的小生意

著名的格朗—皮伊—拉古斯酒庄的副牌酒，该酒庄在波尔多的梅多克地区的列级酒庄中位于最低级（第五等级），品质远胜于其排名。这是一款经典优雅、结构感强的葡萄酒，有着铅笔芯、黑醋栗和雪松的气息。

Lacoste-Borie，Pauillac
法国，波尔多
13% ABV $$$ R

并非柏图斯

这款酒的确并不便宜，与盛名的柏图斯来自同一产区，价格远在柏图斯之下。事实上，它正是无与伦比的老色丹酒庄的副牌酒，价格只有正牌酒的一半左右，却同样的柔滑高雅，有着红色果实的纯度。

La Gravette de Certan
法国，波美侯
13.5% ABV $$$$ R

名副其实的声望

菲利普拉特香槟酒中顶级单一葡萄园单一酒槽酒歌雪园是一款卓越的酒，虽然它的名字永远都不像鼎鼎大名的克里斯特和唐·培里侬那样吸引人。这款充满家的气息的、让人舒适的基本款干型酒很出色，然而它的价位却绝不会让人感到不安。

Champagne Philipponnat Royale Réserve Brut
法国，香槟
12% ABV $$$ SpW

一款有文化意味的赤霞珠酒

这款口感如同天鹅绒般顺滑且带有丰富黑色果实香气的红酒来自玛格丽特河地区，这里很快就确立了作为世界上该品种葡萄顶级葡萄酒生产商之一的地位。虽然如此，它仍没有高入云端的价格，是纳帕谷和波尔多的候补名单。

Leeuwin Estate Art Series Cabernet Sauvignon
西澳大利亚，玛格丽特河
14.5% ABV $$$ R

葡萄酒投机者

葡萄酒市场出现了显著的特色，那就是把葡萄酒当成一种投资。这个市场尤其集中在波尔多地区，那里的一些葡萄酒风味正在提升，价格也会随之上涨。那里的葡萄酒曾经是葡萄酒爱好者的囊中之宝，而它们现在却被当成有利可图的囤积货品，被一些别有用心的公司和个人瓜分。这些人对这些葡萄酒本身并没什么兴趣，他们致力于提高价格，使得除了大多数富人之外，其他人根本没有能力企及这些顶级葡萄酒。

45 孩子出生

你其实并不希望每个人都来告知你的生活将会永久改变，但你只能故作礼貌地听着并点头首肯，思考他们想要表达的生命实践性的意义：换尿布，缺乏睡眠，不得不放弃的社交活动……所有的一切。你或许会想："我能掌控这一切。只需要一点调整和一点规划，仅此而已。"你其实并没有完全认可那些说法，这到底是一种什么样的感觉？好吧，毫无疑问首先是兴高采烈，但同时也稍稍心生畏惧，你安慰着自己：生产过程总算平安结束了；但对宝贝儿如此强烈和全部包容的爱几乎令人感到恐惧。现在你知道他们想要表达的意思了吧，了解到你的生命真正被永久改变了吧。这个有着奇怪的智慧和传统面孔手舞足蹈的小家伙的未来，完完全全地在你掌控之中。同时，即使你珍视那些从最初到最后的第一个宝贵片刻，你仍然迫不及待地想要一眼就看到未来。喝点什么才可能符合这些感觉呢？如此纯净，如此直接，如此精彩和真实！或许只有上好的香槟酒——这种久经考验的用于庆祝的饮料，同样如此直接、纯洁、充满乐趣和生机勃勃。

"新生命的降生是一扇突然打开的窗户，通过它，你可以展望美好的前景。而它带给你的是什么？一个奇迹。你已经完全改变了你自己。"

——威廉·麦克尼尔·迪克逊

CHAMPAGNE DELAMOTTE BRUT NV

产地：法国，香槟
风格：起泡白酒
葡萄品种：混合
价格：$$$
ABV：12%

与大受追捧的品牌沙龙是同一个拥有者，得乐梦可能是你从没听说过的最棒的香槟酒生产商之一，它只是一个小生产商，制作的一系列让人难以置信的起泡酒，而且价格一直相当便宜。这款耀眼夺目的混合酒由香槟地区的三种传统葡萄酿制，霞多丽和黑品乐（第三种是莫尼耶品乐），非常巧妙地平衡了像奶油蛋糕一样的丰富口感和清爽的新鲜度。

配餐：并不一定要搭配食物，但是一条烟熏鲑鱼和奶油干酪百吉饼或许正是最适合的配餐。

经济型选择

这不是一款真正的香槟酒，它来自法国西南部朗格多克地区山麓。这款顶级的法国起泡酒采用与香槟同样的方法酿制而成（气泡来自在酒瓶中进行的二次发酵）。干型、刺激味，新鲜而活泼，带有清爽的苹果风味。

Antech Brut Nature Blanquette de Limoux NV，Limoux
法国，朗格多克
13% ABV $ SpW

奢华型选择

大多数香槟酒是用在不同葡萄园生长的多种葡萄酿制的；而最好的香槟酒则采用同一年份生产的葡萄酿制。这款2002年份100%霞多丽酒完全是大师水平，呈金色，纯度浑然天成。

Champagne Ruinart Dom Ruinart Blanc de Blancs Vintage
法国，香槟
12.5% ABV $$$$$ SpW

新生命的全新世界

这款高品质的起泡酒由顶级香槟酒制造商路易斯·勒德雷尔酿制而成，在他位于加利福尼亚安德森谷的公司，使用了与香槟同样的葡萄和方法，有着充满阳光的蛋挞般的果味，平衡、优雅而新鲜。

Louis Roederer Quartet NV, Anderson Valley
美国，加利福尼亚
12% ABV $$$ SpW

经典风味

该酒结合了两款经典西班牙葡萄酒——加强型雪利酒和卡瓦起泡酒的风味。掺入的菲诺雪利酒为浓郁、香气扑鼻的起泡酒增添了与众不同的坚果味和丰富的水果味道。

Colet Navazos Extra Brut Cava
西班牙，佩内德斯
13% ABV $$$ SpW

什么时候香槟酒并非来自香槟？

香槟酒制造商为起泡酒的标签进行了一场全球法律大战，来确保法国东北部以外地区的起泡酒生产商不能从他们手里“借”走自己产品的名字——香槟。他们已经取得了巨大成功，只在少数一些国家，这其中包括俄罗斯和美国，拒绝宣判他们国内的葡萄酒生产商所使用的“香槟”名字不合法。所以下次当你享用一瓶美国“香槟酒”的时候，好好享受，但是要记住，它并不是真正意义上的“香槟”。

46 在泰国风味餐馆

泰国菜肴与葡萄酒的搭配并不容易。泰国风味中包含了太多的元素和材料，以至于大多数葡萄酒都无法与之相容：红番椒的热辣，酸橙的酸味，棕榈糖的甜味，椰子的浓郁，泰国风味中调味料，罗勒、芫荽、柠檬香草、姜、卡菲尔酸橙、高良姜复杂的芳香，以及年卜拉鱼子酱的鲜味。它们中的每一样都显示着与葡萄酒搭配是多么困难，更不必说，在同一道肉食或其他菜肴里把它们混合在一起了。能和泰国菜肴搭配得很好的葡萄酒（或者说起码没有被它们毁掉）就需要包含一些相当特别的风味了。需要带一点点糖分，用来作为红番椒的缓冲和抵消食物中的甜味；需要适量的酸度去呼应酸橙的味道；同时还需要绝对芳香的成分去迎合那些所有的草本植物气息。阿尔萨斯和德国葡萄酒提供了这种芳香的微甜白葡萄酒的样本，你也可以发现很多在风格上类似的由混合葡萄制作的候选酒品，例如来自欧洲中部和世界其他地方的灰品乐酒、雷司令酒，或者琼瑶浆干白酒。

“经过修整阶段，此时派对到了酒水部分，从热菜来到冷饮，用刺辣的咖喱搭配经过冷藏的白葡萄酒。”

——菲茨杰拉德《夜色温柔》

DOMAINE JOSMEYER GEWURZTRAMINER LES FOLASTRIES

产地：法国，阿尔萨斯
风格：芳香型白葡萄酒
葡萄品种：琼瑶浆
价格：$$$
ABV：13.5%

乔士迈酒庄的葡萄酒特别精致，代代传承的家族式身份，使其与阿尔萨斯的其他葡萄酒有所区别。他们的葡萄酒成功地将纯度、华丽的酸度以及混合芳香结合起来，甚至当所使用的葡萄是倾向于甜腻以及香气过于浓郁的琼瑶浆时仍然如此。这款葡萄酒并不是轻型的，其玫瑰花和麝香的香气以及辛辣的香料气息有所控制，酒体清澈，令人完全陶醉其中。

配餐：这款酒芳香诱人的特质与泰国菜肴的风味完美合拍，不论是椰子味的奶油酸辣海鲜汤，还是用姜和高良姜蒸熟的河鲜。

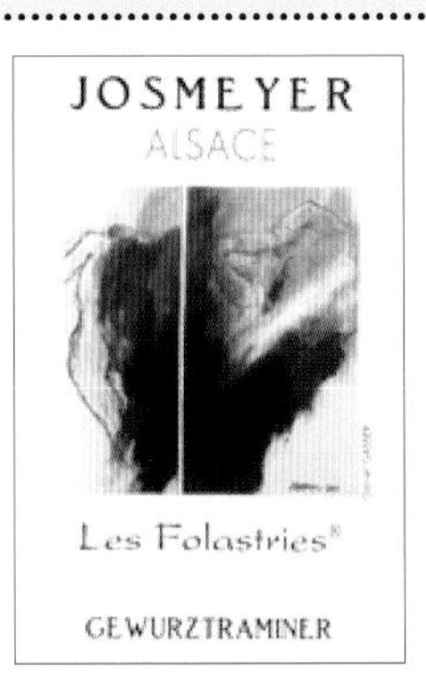

搭配泰式沙拉

这款微甜的雷司令酒尽管清淡可口、低酒精度，但是仍有着让人惊讶的热带水果风味的冲击力，它可以和泰国沙拉中经常使用的热带水果相得益彰。它的酸度吸收了酸橙的酸味；它的糖分衬托了红番椒、姜和其他调味料的风味。

Schloss Schönborn Hattenheimer Pfaffenberg Riesling Spätlese
德国，莱茵高
8% ABV $$ W

搭配五香牛肉

在泰国烹饪中，牛肉是一种普遍的原料，无论是用来做五香肉丸，切成方块用旺火炒，搭配沙拉或是大米饭。这款口感丰富、浓郁而微甜的白葡萄酒有着浓度和酸度的完美平衡，可以抵消牛肉中的饱腻感，同时它的芳香也反过来使得与其搭配的泰国菜更加美味。

Marisco The King's Thorn Pinot Gris
新西兰，马尔堡
13.5% ABV $$ W

啤酒的替代品

如果你通常配着啤酒吃泰国菜，那么就可以考虑下起泡酒，它能够提供类似的起提神作用的泡沫，雷司令和绿维特利纳葡萄混合酿制，增添可爱、清新芳香的特质，类似于泰国香草的味道。

Schloss Gobelsburg Sekt Brut Reserve
澳大利亚，坎普谷
12% ABV $$$ SpW

干型酒

混合了五种白葡萄的强烈芳香型酒有着花朵和热带水果的风味。口感紧致饱满，同时，尽管它并不甜，但是它确实有着紧实的黏性，这样才经得起香料味道的冲击。

Conundrum White Wine
美国，加利福尼亚
14% ABV $$$ W

泰国葡萄酒

泰国葡萄酒直到20世纪60年代才出现，但它发展得很快。泰国的热带气候意味着这里的葡萄产出不止一季，好的生产商会注重其中某一季的质量。暹罗酒庄（Siam Winery）是杰出的生产商之一，采用西拉和当地品种波克德穆混合配制的风谷（Monsoon Valley）红酒值得一试。

招待有哮喘的客人

所有酒精饮料都可能引发哮喘，葡萄酒也不例外。研究表明，酒精饮料引发哮喘这一现象更像是添加剂和其他在葡萄酒中自然产生的物质导致的，而不是酒精本身，罪魁祸首最有可能是葡萄酒中的亚硫酸盐，或者二氧化硫。存在于所有葡萄酒中微量的二氧化硫是由发酵过程带来的，葡萄酒制造商所选择的酿造方式使得某些葡萄酒中的含量比其他更高。大多数葡萄酒制造商将不同分量的二氧化硫当作防腐剂来使用，在葡萄酒酿制过程中和装瓶之前；也有人用它来保持葡萄酒的清洁。近年来，许多葡萄酒制造商已经在寻找减少他们对二氧化硫依赖的方法，甚至完全不再使用它（法国的葡萄酒制造商开始使用“无硫磺添加”之类的标识）。这是带有风险的商业行为，需要高超的技巧——葡萄酒制造商不希望自己酿造的酒在瓶中再次发酵，过早氧化（褐化得像雪利酒一样），或者被令人不愉快的粗俗风味（被细菌侵染导致）所支配。但是，对于自认为“天生”酿制葡萄酒的人来说，这是值得尝试的冒险。就像某些人的哲学信条那样：离健康越近，就离美越远。期待酿造出“尽可能少用添加剂的葡萄酒”。通常情况下这些绿色酿酒商们都以有机或生物动力学的方式运作葡萄园，同时避免使用培养酵母，而是尽量选择那些自然存在于葡萄表皮和酿酒厂里的菌种。最好的绿色生产商酿制的葡萄酒有着极高的纯度和满满的活力。虽然并不能完全去除引发哮喘症状的风险，但是许多患者现在除了这些酒之外再也不喝任何其他的酒精饮料了。

“要酿制纯天然的绿色葡萄酒，你必须首先是一个纯自然的人。”

——乔斯科·格拉文内
意大利葡萄酒制造商

DOMAINE MARCEL LAPIERRE MORGON

产地：法国，博若莱
风格：优雅型红酒
葡萄品种：佳美
价格：$$
ABV：12.5%

如果说博若莱是绿色葡萄酒运动的始发地，那么已故的马塞尔·拉皮埃尔则是该运动在20世纪70年代和80年代最早的倡导者之一。这款酒的灵感来源于化学家和葡萄酒制造商朱尔斯·肖伟的想法，考虑到被滥用的杀虫剂和除草剂，拉皮埃尔采用传统方法酿制葡萄酒，在葡萄园和酒厂最低限度地使用添加剂。现在这款红酒由拉皮埃尔的儿子马蒂厄酿制，保留着原本美好的特质：如此清澈透明而新鲜。

配餐：在巴黎许多非正式的绿色葡萄酒酒吧中都可以找到：香肠和鹅肝酱。

天然的卢瓦尔酒

卢瓦尔河最重要的天然葡萄酒制造商之一——蒂埃里·热尔曼所酿造的葡萄酒，经常被拿来和一流的勃艮第霞多丽酒进行比较，复杂性、丰富性和透明度的完美融合度获得了一致的称赞，有着白诗南酒中特有的苹果风味。

Domaine des Roches Neuves l'Insolite Saumur Blanc
法国，卢瓦尔
12.5% ABV $$ W

自然型酒

意大利或许是继法国之后最大规模的绿色葡萄酒制造商，它们之中最吸引人的大多数是在西西里岛，品质日益提升。科斯葡萄酒中的二氧化硫含量最低的弗莱帕托酒有着葡萄中所具有的美妙草莓和樱桃风味。

Azienda Agricola Cos Frappato IGT Sicilia
意大利，西西里
12.5% ABV $$ R

绿色品牌

从前的英式橄榄球运动员杰拉德·伯特兰现在是朗格多克-鲁西荣葡萄酒领域的重要角色，生产的商业葡萄酒比普通的略胜一筹。这款酒是他在绿色葡萄酒方面的杰作，厚重、不贵，二氧化硫含量极低。

Gérard Bertrand Naturae Syrah
法国，朗格多克
14.5% ABV $ R

南美的绿色葡萄酒

由并不流行的神索葡萄酿制，使用传统理念绿色葡萄酒生产者的器物——黏土两耳细颈酒罐，酒名即来源于此罐的旧称。这是一款柔和、辛辣的红酒，稍微冷藏一下饮用效果会更好。

De Martino Viejas Tinajas
智利，伊塔塔谷
13% ABV $ R

模糊的“绿色”概念

从贸易便利性角度来讲，对绿色葡萄酒运动的批评就是它缺乏规则。有机和生物动力学的产物可以由官方的独立机构进行审查；但是任何人都能够声称自己是“绿色”生产商——对此没有制定好的规则。事实上制定规则看起来也行不通，因为对于“绿色”这一概念，每一个绿色葡萄酒生产商都各抒已见，如果硬要为其制定规则，也就违反了这项运动非正式的、反主流文化的精神。

48 野餐

我猜我们中的大多数人都对“完美的野餐”抱有类似的幻想。至少在我的脑海和眼睛里，应该是在一个初夏的下午，天气暖和得只需穿一件衬衫（而不是需要穿比基尼那样炎热），草仍然是绿的，野花正初次吐露芬芳。附近应该有河流之类，但不太引人注目，只是一条缓缓流过的河流，足以让系在一根长绳上的酒瓶有地方可以冷却。坐的地方应该是一条磨损的、并且你喜欢的旧野餐毛毯，大得能容下许多朋友，下面就是长长的青草。至于食盒里的食物，几乎都成了点缀，当然都很简单、很传统：三明治、派（可口甜蜜的），也许还有一根意大利蒜味腊肠、一片厚奶酪和馅饼，煮熟的鸡蛋，一些沙拉时蔬叶子，一袋土豆，多半都是粗粮（路上采的草莓是例外），这些已经能够保证你的旅行能够走得更远一些，而不需要繁复的家庭式集装箱，或者层层包装使食材失去色香味。而对于压轴的葡萄酒，除非你有非香槟不可的情节，你选择的酒应该是低调而不是奢侈的，新鲜，有足够的酒精可以让你在太阳帽下小睡一会，但是也不能太多，省得在返程回到市区的时候给你带来麻烦。

“再没有什么能比舒适地吃顿完美的野餐更让人感到高兴的了。”

——艾略特·坦普尔顿在《剃刀边缘》里的台词（W·萨默塞特·毛姆著）

CAVE DE SAUMUR RESERVE DES VIGNERONS SAUMUR ROUGE

产地：法国，卢瓦尔
风格：清淡型红酒
葡萄品种：品丽珠
价格：$
ABV：12.5%

用卢瓦尔谷凉爽气候下出产的品丽珠葡萄酿制的红酒有着叶片的清新和鲜美多汁的口感，让人想起那些刚成熟的黑醋栗和红醋栗。如果你过去经常喝出产在温暖气候的浓郁红酒（例如澳大利亚和美国加利福尼亚那里的葡萄更甜、更成熟，有时简直让人感觉上面裹了果酱），那么这种瘦弱型的酒你得花点时间来适应。在温暖的日子里冰上一瓶，如此芳香、提神，令人精力充沛。

配餐：这款酒的新鲜味道能够去除很多鱼类的腥味，包括多肉的鱼类例如鲑鱼（非烟熏的），还有牛肉派、意大利蒜味腊肠、冻火腿，以及奶酪等各种常见的野餐食材。

野餐桃红酒

只要你有一个便携式的冷却器，或者更好的条件：一些绳子和缓缓流过的河流来冷却葡萄酒，这款新鲜、干净、精致而充满香味的普罗旺斯桃红酒就很适合野餐，单独饮用或是搭配各种食材都非常合适。

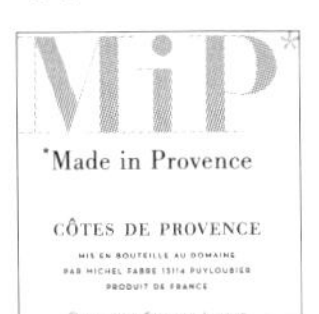

Domaine Sainte Lucie Made in Provence Côtes de Provence Rosé
法国，普罗旺斯
12.5% ABV $$ Ro

野餐香槟酒

自从维多利亚女王普及了野餐这项活动后，它就成为了英国人理想生活中占支配地位的场景。对于一次豪华的野餐来说，香槟酒是必需的。顶级起泡酒保罗杰香槟长久以来都和英国的上流社会有密切的关系。

Champagne Pol Roger Brut NV
法国，香槟
12.5% ABV $$$ SpW

特色雷司令酒

大多数野餐都是在白天进行的，这个时候我们都不想喝酒精度数太高的东西。而在晚上，就可以试试这款专门为这个目的而设计、便利地用螺丝帽密封的微甜型雷司令酒，有类似原汁原味水果沙拉的特质，和草莓很般配。

Two Paddocks Picnic Riesling
新西兰，中奥塔哥
10% ABV $$ W

浓烈的夜间野餐红酒

这是一款柔滑、包含令人舒适的水果气息，物美价廉的浓烈红酒。它为夜晚而准备，当你已经美美地享用了一顿野餐，夜幕降临，你开始穿上外套，这时就需要这样一款能够带来一点热量的葡萄酒。

St. Hallet Gamekeeper's Reserve
澳大利亚，巴罗萨谷
14.5% ABV $ R

软木塞和螺丝帽

在许多密封葡萄酒瓶的方法中，螺丝帽是最好的方式之一，特别对于野餐来说。它易于打开和盖上，并且不需要利用小工具；长久以来它已不再代表葡萄酒市场中的低端酒品；同时它避免了在“软木塞”葡萄酒（TCA）中产生霉味的细菌的出现。那么问题就来了：为何大多葡萄酒制造商还坚持使用软木塞呢？软木塞在开启和拔出时的优雅浪漫是原因之一。其他的原因还在于他们并不确信，使用了用螺丝帽的葡萄酒是否可以长期陈放。

49 洗礼

葡萄酒一直都和基督教有着密切关系。事实上它们亲密得不能再亲密了：根据基督徒的信仰，当他们在圣餐的庆祝会上共享葡萄酒的时候，他们其实也就是在以表面的或隐喻的方式将基督教的血液吸收到自己的身体里。几个世纪以来，这种关系也以其他实践性方式呈现出来。例如，在中世纪时代的欧洲，修道院在葡萄酒的发展中扮演了决定性的角色，种植葡萄园和改良生产技术，他们中有法国勃艮第克卢尼的僧侣，有笛卡尔信徒，其影响一直延伸到西班牙东北部的帕勒特。在美洲情况也差不多，那里的宗教——从秘鲁的耶稣会，到美国加利福尼亚的方济会，对葡萄酒的传播都有着深远的影响。葡萄酒与宗教的联系今天依然保留了下来，许多欧洲酒庄依然被修道士所拥有，许多经典酒区的葡萄园也是首先由他们种植。选择一款恰当的葡萄酒可以让这些历史联系更加清楚地展示，就像通过洗礼认识宗教在精神方面的重要性。

“快乐地吃你的面包，愉快地喝你的葡萄酒。”

——传道书9：7

BOUCHARD PÈRE & FILS BEAUNE VIGNE DE L'ENFANT JÉSUS

产地：法国，勃艮第
风格：优雅型红酒
葡萄品种：黑品乐
价格：$$$$
ABV：13%

所有伟大的葡萄酒都有一个故事，这款勃艮第红酒的故事尤其吸引人。在法国大革命前的18世纪，生产葡萄用以制作这款酒的酒庄属于卡默利特修会的修女。该修会的成员之一——玛格丽特·杜·圣·萨克利门特，"耶稣圣婴侍女"的创始人，据称曾预言了路易十四（即太阳王）在1638年出生，即使他传说中的母亲奥地利的安娜女王是不能生育的（在当时看来这是非常可怕的）。当国王出生的时候，卡默利特修会以修女的名义重新给葡萄园起了名字，这名字今天仍然在使用。葡萄酒不再由卡默利特修会生产：葡萄园在革命后已经被当地的商人布沙尔·佩雷&菲斯所掌控。葡萄酒依然优雅、充满魅力，如丝般柔滑，激发着全世界黑品乐爱好者的热爱。

配餐：它有着精致的丝绒口感和美妙的风味，可以将蘑菇酱意大利调味饭或者烤鸭之类的洗礼午餐衬托得优雅精致。

经济型选择

由加尔都西会的修道士于15世纪建立的拉佩拉·贝利奥拉特是荒凉而布满岩石的加泰罗尼亚地区许多与宗教有联系的葡萄酒生产商之一。野生的药草、甘草汁和干果的风味造就了这款富有特色、柔和浓厚的红葡萄酒。

La Perla del Priorat Noster Nobilis，Priorat
西班牙
14.5% ABV $ R

含着银汤匙出生

这款酒以17世纪的修道院命名。人们通常认为，这家修道院创造了香槟地区的起泡酒，即便并非如此，她至少也在起泡酒的发展中扮演了重要的角色，这款来自酩悦的顶级葡萄酒令人激动地纯粹、精良，回味悠长。

Champagne Dom Pérignon
法国，香槟
12.5% ABV $$$$$ SpW

为无神论者命名的典礼

邦尼顿酒庄的创建者兰德尔·格雷厄姆因勇于打破旧习而声名远扬，他经常抨击加利福尼亚葡萄酒的既有模式，并尝试与众不同的生产样式。他从法国南部获得灵感，用佳丽酿葡萄酿制出这款带着胡椒辛辣味的强劲型红酒。

Bonny Doon Vineyard Contra
美国，加利福尼亚，中央海岸
13.5% ABV $$ R

为孩子准备的酒

出产于葡萄牙杜罗河谷、非常迷人的泰乐特优年份波特酒是一款醇厚、高雅的上等加强型红酒。可以陈放几十年，用它伴随孩子走向成年。

Taylor's Vintage Port
葡萄牙，杜罗
20% ABV $$$$ F

50 30岁生日

曾几何时，30岁生日已经不像从前那样成为一条分界线。如今的世界安定下来的年岁会更长一些，同时“童心成人”和“中青年”等成了流行用词，这就表现得更明显了。对我们中的大多数人来说，当我们到达这个分界线的时候，30岁生日就逐渐成为了我们青春时期结束的标志——一个让我们感觉自己必须认真去对待生活的年龄。就像一个迟到的年龄，30岁就是新的21岁，它的意义或许超越过去的很多个生日。在30岁，特别是当你还没有孩子，依然不需要履行什么责任时，你仍旧有精力和兴趣去夜夜笙歌到黎明，同时你的收入水平也比前些年提升了很多，可以匹配狂欢作乐的野心。所以，30岁生日给人的感觉就像一次最后的青春纵情的机会。很少能有比加利福尼亚赤霞珠酒更适合这种情绪的酒了。这款酒有着奢侈的醇香水果气息，风味醇厚，质地柔滑。它们中的大多数都是陈年的佳酿，还有什么比一瓶与你出生于同一年的葡萄酒更适合在你生日时点缀你的庆典呢？

“你真正充分感受生活的时间是从30岁到60岁。年轻时候是梦想的奴隶；老了又是后悔的仆人。只有中年人才可以用全部的五种感官去保持当下的自我。”

——赫维·艾伦

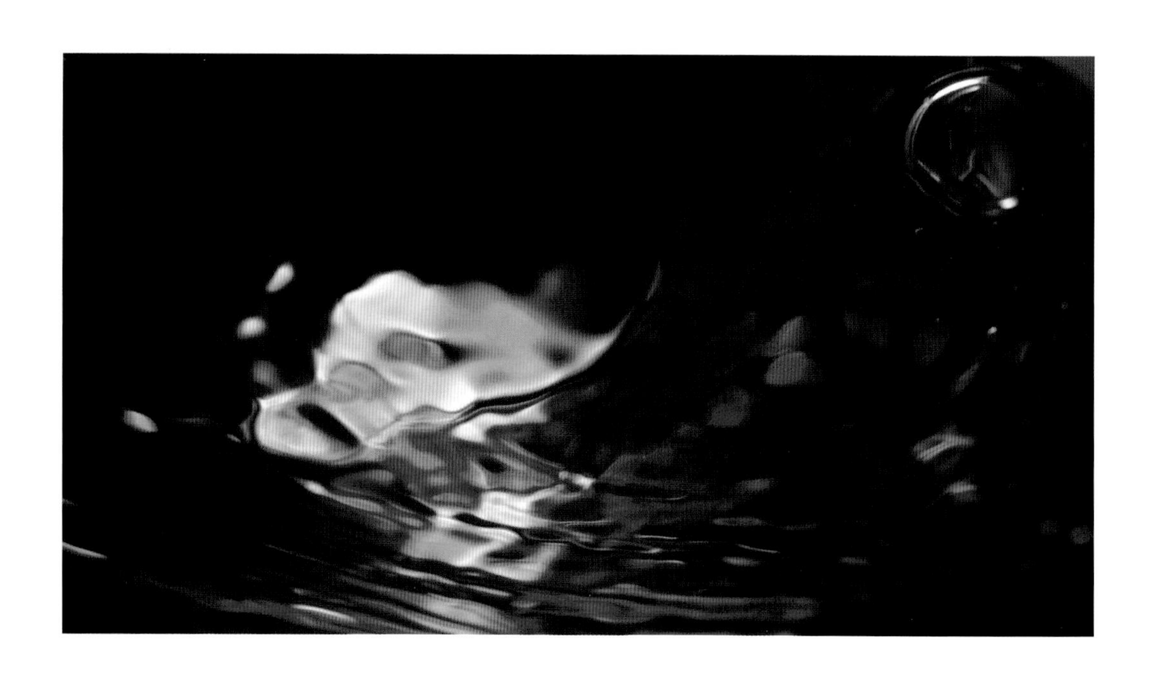

JOSEPH PHELPS NAPA VALLEY CABERNET SAUVIGNON

产地：美国，加利福尼亚，纳帕谷
风格：强劲型红酒
葡萄品种：赤霞珠
价格：$$$$
ABV：14.5%

这款酒来自一个白手起家的产业。原本从业于建设工业领域的与葡萄园同名的创建者在20世纪70年代早期于纳帕谷的圣海莲娜以外的春谷建立了酿酒厂并种植了葡萄园。从那个年代开始，约瑟夫·菲尔普斯就成为北美地区最受人尊敬的生产商之一。这款来自纳帕谷最佳地区菲尔普斯葡萄园的赤霞珠酒非常适合特殊场合。它将丰富的黑色果实、巧克力、微妙的黑咖啡和橄榄气息融合在一起，同时单宁恰到好处，使你完全迷失了自己。

配餐：全世界最好的牛排餐厅的葡萄酒清单上都充斥着加利福尼亚赤霞珠酒，这是有原因的：当和一份煎制完美的带血牛排搭配时，赤霞酒的强劲和浓度会展现得更为完美。

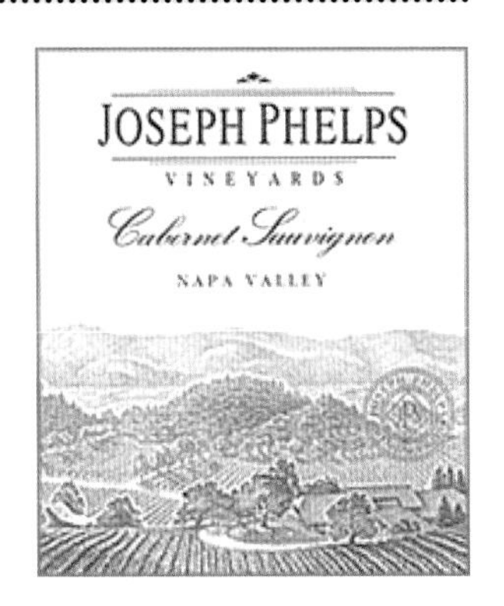

经济型选择

已故的罗伯特·蒙达维是高品质加利福尼亚葡萄酒生产商的先驱者之一。尽管他的公司在他还未去世之前、94岁高龄的2008年就已经被出售，他的名字却依然在当今的葡萄酒领域熠熠生辉，凭借的是这个国家最可靠、最受欢迎的红葡萄酒，以及其独有的、醇厚的黑醋栗和微妙的香草风味。

Robert Mondavi Cabernet Sauvignon
美国，加利福尼亚，纳帕谷
14% ABV $$ R

奢华型选择

这是美国最棒的葡萄酒之一，由非常有想法和富有天赋的哲学家兼葡萄酒制造商保罗·德拉佩用赤霞珠和美乐葡萄混合酿制而成。它是一款异常优雅的红酒，可以陈放多年。

Ridge Monte Bello
美国，加利福尼亚，圣克鲁兹山
13.5% ABV $$$$$ R

拉丁美洲的酒款

最棒的马贝克红酒中总是有一些可以使人心平气和的花朵，比如紫罗兰的芳香，奢华的乌梅和樱桃果实以及巧克力的气息也呈现在这款深色、稠密、可口的红葡萄酒中。

Mendel Malbec
阿根廷，门多萨
14% ABV $$ R

享乐型白酒

南非酿出了特别的混合型白酒（用两种或者更多种葡萄酿制而成），有着令人很享受的丰富水果气息。很少有比马利诺酒庄的酒品更棒的了，有着成熟葡萄和烤熟的苹果风味，强劲而优雅。

Mullineux Estate White，Swartland
南非
13.5% ABV $$$ W

51 接待另一半的父母

平心而论，我们要非常感谢对方的父母。没有他们，当然也就不会有你深爱的人。无论你找到另一半靠的是先天的运气还是后天的努力，都是他们所培养的成果。但是不管这些年你对他们的爱发展得有多深，每当他们到来的时候，你仍然感受到焦虑；你永远无法完全克服这种感受，仿佛重新回到15岁第一次约会的那天，你鼓起勇气去敲响他们的前门。有时，你会感觉自己太驽钝，配不上他们那个聪明、有天赋的孩子。也有时你禁不住会觉得，你所做和所说的一切都会被当作线索以了解你的人格、你的意图和道德的真实现状。这种感觉在你为他们选酒时又出现了，他人无伤大雅的酒评可能又会让你妄想、狂躁而不安。事实上，这一切并没有发生，他们其实很喜欢你和尊重你，放松下来吧，别再担心，停止对自己施加压力，为他们倒上一杯葡萄酒吧。

“幸福就是在另一个城市有一个相爱、相互关心，关系紧密的大家庭。”

——乔治·伯恩斯

MILLTON TE ARAI CHENIN BLANC

产地：新西兰，吉斯伯恩
风格：半干型白酒
葡萄品种：白诗南
价格：$$
ABV：13%

“一款葡萄酒能够对所有人有吸引力”，这种说法听起来好像是带有挖苦意味的恭维话。如果这么说的话，岂不是意味着它缺少可以令它出类拔萃的强烈个性吗？好吧，就我的经验来说，这款可以拿来宴请任何人的葡萄酒，情况并非如此：它包含着多种元素，有能力满足大多数人不同的口味。有着强烈的甜蜜味道，以及烤苹果和梨的气息，很清楚地呈现出清爽的酸度；用橡木桶酿造而成，但是橡木为它增添的是质地而不是木头的风味；已有着足够浓郁的风味去吸引红酒爱好者，但是对白酒爱好者来说又足够爽口清新。同时，对那些讨厌干型酒的人来说，它还有糖分用于缓冲，而这糖分又不至于明显到让干型酒爱好者们反感；它由有机葡萄酿制而成。谁还能找到它的缺点？

配餐：鉴于这款酒有以上所说的多方面特质，它能与任何食物相搭配，从优雅的亚洲菜肴，到烤家禽和牛肉，或者带有坚果、刺激性气味的硬奶酪。

精明之选的起泡酒

葡萄牙的起泡酒或许不是那些追逐起泡酒的人的第一选择，但是路易斯·帕托的出品的确不错，制作了这个国家最好的葡萄酒。这款价格适中的酒品毫无疑问是给另一半的父母的最佳礼物。它由本地的费尔诺·皮埃斯（即玛利亚·戈麦斯）葡萄酿制，有着微风中的桃花一样的轻盈口感和魅力。

Luis Pato Maria Gomes Espumante Bruto
葡萄牙，拜拉达
12.5% ABV $$ SpW

随和型红酒

这款酒来自库奇诺·马库尔酒庄，智利最古老的酒庄之一。强健的解百纳葡萄形成这款完美的随和型酒，既对那些喜爱上佳风味和清新格调的葡萄酒老派守旧者有吸引力，同时也足以吸引那些喜欢更加生气勃勃的明媚黑色果实风味、趋向于了解葡萄酒新世界的人。

Cousiño Macul Antiguas Reservas
智利，迈波谷
13.5% ABV $ R

引起话题的酒款

阿洛伊斯·格莱士是奥地利酿制甜酒的大师，他的工作现在由他的儿子格哈德继承，酿制范围大到让人产生困惑的各种葡萄酒，这款是其中价格较为亲民的。尝起来就像杏子和桃子的果汁，但是却一点也没有让人倒胃口或者无法忍受的感觉。

Kracher Cuvée Auslese, Neusiedlersee
奥地利，布尔根兰
12% ABV $$ SW

回报的机会

风韵迷人却不像波尔多的一些贵族酒那样贵得吓死人；它的青春口味令人享受不尽，其实它已陈酿多年；包含有大量水果风味（特别是成熟的葡萄酒，如2009年或者2010年的佳酿），却没有成为温柔的水果炸弹。作为感谢另一半的父母的礼物，这款上等红酒的每一个优点都与你的既定目标相一致。

Château Poujeaux, Moulis
法国，波尔多
14% ABV $$$ R

在日本风味餐馆

日本给烹饪世界的最伟大的礼物寿司，与葡萄酒搭配起来是非常棘手的。问题并不在于生鱼片，生鱼片本身就能和许多可口的白葡萄酒搭配得很好，而在于需要搭配的那些对美食至上者来说缺之不可的各式蘸酱。这些蘸酱里有着芥末的高热量，姜的甜味，醋泡大米的酸味，以及大豆酱油醇厚的可口咸味。能与这些强烈风味搭配的便是最烈的葡萄酒。通读大量关于这一主题的博客和文章，很明显这样一种达成的共识已经开始浮出水面：同样有着很高酸度、由雷司令酿制而成的白葡萄酒和香槟的起泡葡萄酒成为了推荐榜单上的新宠，它们能够和寿司完美搭配，保证能轻松应付那些蘸酱。寿司如此复杂，和式食物文化稍显异类，在这种文化里，对于食材的了解、协调和“第五种风味元素”——脂滑（用适口来解释最适当）都是重中之重。日本食物从最初存在到现在可能已经经过了上千年，演化方式与葡萄酒的饮食传统相区别。最近它在全球的流行将两者融合到了一起，导致这种组合的一切都在表明：在所有的亚洲菜肴中，日本菜肴或许最适合目前葡萄酒世界中那些名不见经传的品种。

“坐在窗前，赏着冬菊，热一杯甜酒。”

——松尾芭蕉

GRACE KOSHU KAYAGATAKE

产地：日本，胜沼
风格：精致型干白
葡萄品种：甲州葡萄
价格：$$$
ABV：12%

从公元前8世纪开始，葡萄树就遍布日本，但是直到19世纪后叶第一款商业葡萄酒才被生产出来。日本葡萄酒工业至今仍然是小众市场，但当地的甲州葡萄可酿出典雅而迷人的葡萄酒。在日本以外，很少有类似的葡萄酒，这款在20世纪20年代被发现于大约离东京西部110千米（70英里）的胜沼和山梨县的高品质的先驱性葡萄酒值得一试。这是一款精致、含蓄的干白酒，富有精细的梨和白色花瓣的香味。

配餐：当在没有蘸酱或者有少量蘸酱的情况下食用生鱼片和寿司时，该款葡萄酒有着明显的清洁效果。特别适合搭配更轻盈的鱼或者海鲜，例如对虾、白金枪鱼，或者有着爆炸性饱满口味的日本鲑鱼籽。

搭配寿司

香槟制作的方式使其有着特别的酵母味，这与大豆发酵有异曲同工之妙。像雷司令葡萄酒一样，它也有风格多变的酸度去衬托鱼的风味，不需要极度的丰富口感就能够配餐精细风味。也就无怪乎会有如此多的酒师建议，这种典雅的香槟酒和日本食物就是最佳搭档。

Champagne Gimonnet Premier Cru Brut
法国，香槟
12% ABV $$$ SpW

搭配泛太平洋地区的食物

高品质的雷司令葡萄酒中明锐的酸度，是任何鱼类菜肴消减其甜味和油腻的理想衬托。这种特性在这一精巧的新西兰酒中特别明显，同时它也有着精细的质地和甜度来搭配一盘不同风格的寿司。

Mt. Beautiful Cheviot Hills Riesling
新西兰，坎特伯雷
10.5% ABV $$ W

搭配味噌汤

醇厚可口的味噌汤，可以完美诠释“脂滑”的概念。雪利酒的特质与其相似，特别是那些糖分更低的酒款。例如这款菲诺酒，有着酵母味和碘酒的风味特质。这两者因为比较类似的风格而搭配得很好。其实桑切斯·罗梅特酒的柠檬柑橘风味以及清新度也能够和寿司完美搭配。

Sanchez Romate Fino Sherry
西班牙，赫雷斯
15% ABV $ F

日本酒款

就产品本身来说，由大米酿制的日本米酒，比起葡萄酒与啤酒有更多的相似之处。如果说到风味和质地，则情况相反。这款新鲜、强劲的干型本酿造原酒，是经典米酒中风格最轻盈的，它能够很好地搭配日式烹饪，同时对于习惯饮用葡萄酒的人来说也是饮用米酒的完美开端。

Akashi-Tai Honjozo Sake
日本
11% ABV $

53 在滑雪胜地

正如许多高尔夫玩家所追求就是第19洞一样，对滑雪爱好者来说，滑雪乐趣能够在停下时的社交和休闲中完美展现。休闲小屋内部的木质结构及其周边的露天篝火是必不可少的元素，呆在其中随心所欲的舒适感，成为令人神清气爽的奖赏方式，即使刚刚过去的一天你狼狈不堪在滑雪场地上摇摆蹒跚；心怀恐慌地乘坐滑雪电缆车，这一切令你筋疲力尽。热烈的杜松子酒和热菜锦上添花，但葡萄酒仍然是瞩目的焦点——温暖的红葡萄酒。当然，你考虑用什么样的酒品来搭配周围的环境：一瓶来自生长在高山的葡萄酿制的高山葡萄酒。要多高才合适呢？位于阿根廷西北部的萨尔塔省高处，处于安第斯山脉的卡尔查基山谷葡萄园应该是海拔最高的葡萄园之一，超过3 100米（10 170英尺）；阿尔卑斯山脉和比利牛斯山高处的斜坡和埃特纳火山上，似乎不那么引人注目的葡萄园也不容忽视；加利福尼亚北部和澳大利亚的海拔高度也是很可观的。为何葡萄酒制造商要爬那么高的山来建造葡萄园？原因之一是为了寻找更加凉爽的温度，这能给葡萄酒带来新鲜的气息；另外一个原因就是让葡萄暴露在阳光的照射之下，人们普遍认为这样能够使得葡萄酒的味道更有层次感。其实在某种程度上，原因也很简单，仅仅因为葡萄就在那里生长。

“酒神钟情于山地。”

——古罗马谚语

BODEGA COLOME ESTATE

产地：阿根廷，卡尔查基谷
风格：强劲型红酒
葡萄品种：马贝克
价格：$$
ABV：14%

阿根廷的高海拔葡萄园比较集中。瑞士的百万富翁康纳德·赫斯在加利福尼亚也拥有葡萄园。他的佳乐美酒庄分布着世界上最陡峭的葡萄园，除了马贝克，还种植少量的赤霞珠和丹娜葡萄。这款沉闷型葡萄酒的色泽和风味都很浓郁，带有紫罗兰和薰衣草的味道以及巧克力和李子的香气。

配餐：如果你想要体验一把罗伯特·雷德福德的《山坡速滑运动员》那种强烈而复古的气氛，那么必须要搭配干酪；尽管一罐多汁的炖肉汤同样会非常搭调。

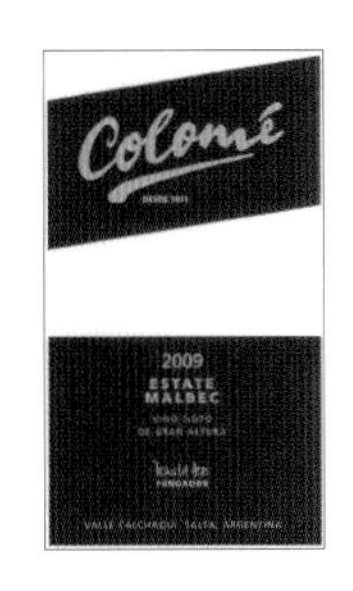

高海拔，低价位

翡冷翠酒庄是葡萄酒世界中冉冉升起的明星，智利北部艾尔基谷的杰出葡萄酒生产商。葡萄种植在海拔2 000米的高处。这款西拉葡萄酒有着与众不同的甘草汁和胡椒的芳香，黑色果实的强劲感十足。

Viña Falernia Syrah
智利，艾尔基谷
14% ABV $ R

阿尔卑斯山红酒

意大利最北部的酒区上阿迪杰地区朝着阿尔卑斯山麓，向奥地利方向延伸。这里出产芳香精致而新鲜的葡萄酒，正如这一款鼎鼎大名的清澈红酒，有着多汁的红浆果香气和细微的花香。

J. Hofstätter Lagrein
意大利，上阿迪杰
13% ABV $$ R

比利牛斯山红酒

葡萄生长在伊卢雷基，在比利牛斯山属于法国巴斯克地区的这一边。葡萄种植在大约400米高、荒凉陡峭的斜坡上。这款用丹娜葡萄酿制的红酒坚实浓厚，带有黑樱桃风味，酸度十足。

Domaine Arretxea Irouléguy Rouge
法国
14% ABV $$ R

阿尔卑斯山白酒

葡萄园位于瑞士和意大利之间的地区，是欧洲最高的葡萄园，海拔高度大约在1 300米，靠近阿尔卑斯山的顶级滑雪胜地。这款白酒从头到尾都那么地讨人喜欢，糅合了阿尔卑斯山花朵和果树林果实的风味，带有山间气流般的凉爽和清新。

Cave du Vin Blanc de Morgex et de la Salle Rayon，Valle d'Aosta
意大利
13% ABV $$$ W

圣诞红酒的配制

如果你认为加糖和香料，并烫热葡萄酒是对一瓶好的葡萄酒的浪费，你或许是正确的：当然不能对拉菲酒庄的出品做这些。但是用一瓶不是那么好的葡萄酒来尝试一下这种方法或许是个不错的主意。用大概1∶1的便宜红葡萄酒和便宜波特酒，各自甜度和酒体为最终的成酒带来了更多的深度。在1升制成的圣诞红酒里加入少量的丁香、肉桂棒、两个橘子的汁，和大约1.1千克的糖，加热到足够温热但不要让它沸腾。

54 招待上司

吃晚饭的时候有老板在身边不可能是一个完全放松的体验。即使你喜欢你的上司并能与他和睦相处，你总是会去想哪里会不会做错：太过放松的情绪会导致失态；太过拘谨的情绪又会让整个夜晚达不到预想的效果；肉食是不是烹饪得太生或是太过火；完美烹饪的肉食放在老板素食主义的伙伴面前……当然也要重视葡萄酒的选择，因为在与你老板相处的任何场景中总是存在着潜台词。你想要同时看起来慷慨、精明而又迷人；可靠、优雅而又镇定。你想要展示你的独立，而不需要他们在工作后给你意见。而用来招待他们最好的葡萄酒，至少要是一些众所周知的品牌，例如超级托斯卡纳酒，来自意大利托斯卡纳，早于20世纪60年代就开始酿制，采用当时还被认为非正统的葡萄品种和技术挑战当地的葡萄酒权威，不久就迎来了一场漂亮的胜仗，从此吸引了来自全世界的目光。在今天，它们已经是现在这个场合下不可或缺的选择。这是一个有趣的背景故事，当你的老板在饮用葡萄酒的时候，你可以拿这个故事来作为下酒的调料，它会使你表现得优雅而镇定。

“好的老板善于让员工做他想做的事情，并尽量减少对员工工作的干预。”

——西奥多·罗斯福

GAJA CA'MARCANDA PROMIS

产地：意大利，托斯卡纳
风格：干型红酒
葡萄品种：混合
价格：$$$
ABV：13.5%

意大利最有名望的葡萄酒制造商之一安吉洛·嘉雅以其在皮埃蒙特的作品而声名远播（你的老板也许在一些很时尚的餐馆酒单上见过这个名字）。他在托斯卡纳海岸的保格利小镇也一样表现出色，在那里他酿制出的相似奢华风格的葡萄酒。比如这款“诺言”，是其出产的价格相对较低的红酒，用酿制基安蒂酒的传统葡萄品种桑娇维塞，带有咖啡、乌梅、薄荷和黑醋栗气息，口感醇和。

配餐：各种红肉菜肴，比如牛肉片、小羊肋骨肉、鹿肉，配上红酒酱。

经济型选择

大多数超级托斯卡纳酒都很昂贵，生产者相当自觉地把它们作为自己的顶级葡萄酒，同时也遵循这样的想法去制定价格。然而卡尔皮内托的“小超级托斯卡纳”是为更多人酿制的红酒，用70%的桑娇维塞混合赤霞珠酿制而成，风味极佳，充满樱桃和李子的气息。

Carpineto Dogajolo Rosso
意大利，托斯卡纳
13% ABV $ R

需要三思的奢华型选择

想给你的老板留下多深的印象？如果你用来招待她的正是这款充满争议的意大利著名葡萄酒，她或许会有一点难堪（同时怀疑付给你的薪水是否过多）。不过也有这样的可能：她十分满意以至于全然不在意价格，因为这款与波特尔风格极其相似的混合酒是如此名贵，完全合乎她的喜好。

Tenuta San Guido Sassicaia
意大利，托斯卡纳
14% ABV $$$$$ R

口感如丝的传统托斯卡纳酒

这不是超级托斯卡纳酒，它符合经典基安蒂酒的标准并以此贴上标签。采用95%的、生物动力生产的桑娇维塞葡萄，极其和谐而回味悠长，拥有纯粹的樱桃果实气息，略有牛至和亚洲香料风味，具有天衣无缝的、丝般柔滑的质地。

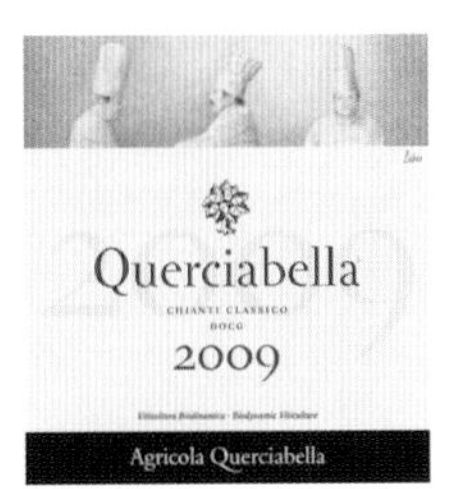

Querciabella Chianti Classico
意大利
13.5% ABV $$ R

维多利亚经典酒

和与其争夺意大利最重要红葡萄品种头衔的西北部的内比奥罗一样，桑娇维塞在家乡之外的地方并没有大获成功。但是这家部分由意大利人拥有的澳大利亚酒庄证明，桑娇维塞在国外的表现除了具有托斯卡纳酒的芬芳，还很强劲、结构感十足。

Greenstone Vineyards Sangiovese，Heathcote
澳大利亚，维多利亚
13.5% ABV $$$$$ R

本地的VS国际的

20世纪60年代超级托斯卡纳葡萄酒的成功在整个意大利招致了大量的模仿者，众多葡萄生产者放弃传统的葡萄品种转而偏爱“国际”品种，例如赤霞珠、美乐、西拉和霞多丽。然而最近，许多欧洲的本地品种已经回归，因为葡萄种植者注意到了使他们自己的产品和酒区与其他地方有所区分的特色，饮酒者已经厌倦了品尝那些貌似能够从任何地方买到的葡萄酒。

55 星期天和朋友们共进早午餐

如果一种食物的名称是一个混成词，就可以确定它基本没什么特色。大多数这类制品——星冰乐，三明治，通常都是平淡无奇的。但是“早午餐”却不一样：这是给一个之前未出现的、令人愉悦的事物的颇有意味的名字（传统的“上午茶”和它的意思很接近，但是上午茶真正涉及更多的是快餐而不是一顿饭）。“早午餐”包含着内在放松的情绪，因为在某种程度上，它是属于周末的、在工作日期间很难享用的东西。这是一顿懒散的、从容不迫的饭，可以给你一个真正享受早餐食物的机会，而通常你只能匆匆忙忙地几口扒完一顿早餐。鸡蛋（用任何方式烹制的）、熏制鲑鱼、咸肉、涂满枫蜜的香肠、法国烤面包、华夫饼干、新鲜的水果沙拉……喝什么？新鲜的现榨果汁和咖啡当然很好。葡萄酒呢？当然更不错啦。一些早午餐食物（如鸡蛋）可能会带来有关配酒的挑战（适合搭配丝般顺滑和醇厚、微妙风味的葡萄酒），其他食物（如咸肉）就能和辛辣的红酒搭配得很好。不管怎样，今天你没有做任何事的压力，仅仅读读书，享受朋友们的陪伴。

“我生命中仅有的遗憾就是没有多喝一些香槟。”

——约翰·梅纳德·凯恩斯

CHAMPAGNE TARLANT ZERO BRUT NATURE

产地：法国，香槟
风格：起泡白酒
葡萄品种：混合
价格：$$$
ABV：12%

经典的早午餐酒是一杯含羞草鸡尾酒——起泡酒和橙子汁的混合体，这样的组合中你摄入了一些酒精，精神奕奕地开始一天的活动。你确实可以添加一些橙汁到香槟酒中，但最好不要用便宜的橙汁，否则会失去香槟酒的精致风味。而一款微甜的普罗塞克酒则可以任意搭配，价格也只有10美元左右。这款糖分非常低的香槟酒有着令人耳目一新的魅力，在它的制作过程中并没有添加调味液，而大多数香槟酒在装瓶销售之前就已经因为添加了调液而变甜。有时，在一些香槟酒中，零添加往往意味着零乐趣——太干且酸。而这款酒却清澈而不乏味，有着橙子和柠檬之类柑橘属植物的风味和少许的丹麦曲奇的浓郁感。

配餐：香槟总是能和熏制鲑鱼搭配得很好，甚至——或许特别是，考虑到你的味觉在早上是最善于接纳的——在早午餐上。

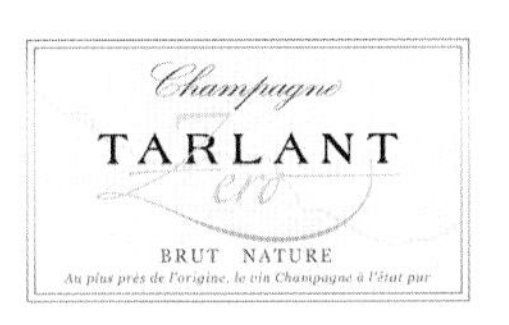

搭配鸡蛋

鸡蛋搭配葡萄酒是一件很需要技巧的事情。鸡蛋有着醇厚而微妙的风味，质地松软，需要搭配风味较为丰富的酒品，而且不能有橡木或单宁味。风味十足的非橡木桶酿制白葡萄酒刚好满足要求。就像这款柔和，拥有黄金瓜和桃子香味的托斯卡纳白酒。

Poggio al Tesoro Solosole Vermentino
意大利，博格利
13% ABV $$ W

搭配咸肉

西拉葡萄通常含有某种熏制咸肉或者咸肉脂肪的气味，这本身能够和肉食搭配得很好。你可以品尝一下这款由新星葡萄酒制造商埃里克·特谢尔在法国南部罗讷并不著名的布雷泽梅产区酿制的红酒，风格独特，口感柔滑。

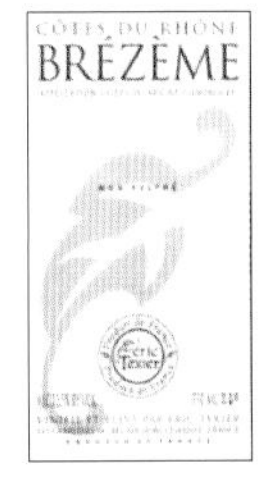

Eric Texier Brézème
法国，罗讷酒区
13.5% ABV $$ R

代替橙汁

在早午餐中，我们习惯了橙子的风味，生长在意大利南部坎帕尼亚地区火山土壤中的当地葡萄品种法兰娜就可以提供这种风味。制成的白酒醇厚、芳香，令人兴奋，充满血橙的突出香气和苦味特色。

Vesevo Beneventano Falanghina
意大利，坎帕尼亚
13% ABV $$ W

搭配枫蜜薄煎饼

这款来自卢瓦尔的甜酒有着焦糖苹果、桃和黄李子的风味，混合新鲜苹果的气息，光滑油质的质地，结构强健。它的力度和甜度足以搭配枫蜜的强烈味道。

Château Gaudrelle Vouvray Moelleux
法国
12% ABV $ SW

56

秋日

大多数葡萄酒制造者当然不会虚度一年中最重要的时光。秋天，葡萄收获、压榨和酿造的时候，他们几乎忙得仅靠热情支撑自己了。从多个方面来说，这都是一段紧张的时光。他们必须做出准确判断，这将影响全年的劳动成果：在进入深秋以前，葡萄酒商就会一直关注着天气，他们品尝葡萄并决定是否要等待葡萄中存储更多的糖分，以及葡萄额外的成熟程度；或者保持其酸度，减少雨水可能带来的威胁。如果已成熟葡萄留在葡萄树上没有适时采收，雨水将会导致腐烂。在做出收获决定后的几周，一段漫长的缺少睡眠的时光将会到来，一直到葡萄被送到酿酒厂，进入不同的贮池中开始它们从汁变酒的旅程。对其他大多数人来说，这个季节也标志着疲惫夏日后的体力恢复，难免会有或多或少的不适感。在这个时候，那些你已经享受过的轻盈新鲜的葡萄酒该被束之高阁了，你该选择一些层次感更加丰富的酒，但不是那些在冬天能给我们带来温暖的强劲葡萄酒。法国北部罗讷谷用西拉葡萄酿制的葡萄酒——来自收获季节的酒，拥有微妙的像篝火一样的气息，灌木浆果和黑胡椒的味道，薄荷和泥土的清香，最能呼应这个换季时节。

“这是属于迷雾和成熟的丰收季节！去接近温暖的阳光，与它一起探讨如何去盛装和受惠于葡萄树上密密麻麻挂满枝头的果实。”

——约翰·济慈《秋颂》

YANN CHAVE CROZES-HERMITAGE

产地：法国，罗讷谷
风格：辛辣型红酒
葡萄品种：西拉
价格：$$
ABV：13.5%

在北方罗讷谷的官方排名中，克罗兹·艾米塔吉被认为在一定程度上落后于更著名的一些小产区，例如艾米栽塔吉、罗第丘和科尔纳。也许正因为如此，这里的葡萄酒制造商并不那么高调，但是情况也并非一直如此。杨·沙夫，力争将克罗兹·艾米塔吉酒完美展现。这款酒彻底展现了克罗兹·艾未塔吉西拉葡萄的特质，且价格合理。质地柔和，黑色浆果味清晰，还有着明显的黑胡椒气息。

配餐：在大多数人看来，里昂是罗讷谷，甚至是全法国的烹饪中心。在它对全世界烹饪界作出的诸多贡献之中，最突出的便是里昂红干肠，几乎令人感觉这是一种为这款酒量身定做的配餐。

经济型选择

阿兰·沃基酒庄位于著名的科尔纳产区。酿制一款有更多人可以负担得起、独具一格的100%西拉酒，贴上一般的“罗讷酒区”标签，所用的葡萄全部来自于峡谷的北部。充满黑色果实芳香以及微妙的烟味。

Domaine Alain Voge Les Peyrouses Côtes du Rhône Syrah
法国
13.5% ABV $ R

一款风味极佳的经典酒

位于陡坡之上的小葡萄园有着罗讷北部小产区罗第（意译为“烧烤的斜坡”）的特色。这些葡萄酒酿制数量很少，你可以把它用来当作结婚用酒，有着肉味、烟熏味和优雅的果味。可以窖藏多年。

Domaine Jamet Côte- Rôtie，
法国，罗讷
14% ABV $$$$ R

秋日白葡萄酒

维欧尼葡萄起源于罗讷峡谷，在孔德里约人们用它酿制极其奢华（且昂贵）的白酒。这款酒来自一个附近的葡萄园，是一款价格不算高的秋日葡萄酒，有着令人兴奋的成熟杏子和金银花香气，干型，口感鲜活。

Domaine Ogier Viognier de Rosine，Vin de Pays des Collines Rhodaniennes
法国，罗讷
12.5% ABV $$ W

美国的秋日葡萄酒

由侍酒大师格雷格·哈灵顿一手创办的华盛顿格莱摩西酒庄酿制美国最好的西拉酒，风格在很大程度上类似于罗讷北部。圆滑、柔顺的黑色果实气息中带着泥土、烟和香料味道。

Gramercy Cellars Walla Walla Valley Syrah
美国，华盛顿州
14% ABV $$$ R

在法国风味餐馆

世界上最伟大的烹饪法是什么？这是一个疯狂的问题。尽管各种电视节目对此竭尽全力地炒作，现实中各国烹饪并没有形成竞争。而在世界上所有伟大的厨房传统中，餐馆这一想法的发起者法国是最有影响力的，也是世界上的大厨最频繁引用的灵感来源。正如食物一样，葡萄酒也是如此：经典的法国葡萄酒的风格为全世界的葡萄酒制造商树立了标杆和准则，那些通常在法国用来酿制葡萄酒的葡萄品种现在被种植在了世界各地的葡萄园。食物和酒不无关联：法国的葡萄酒和食物是肩并肩发展起来的，一些法国葡萄酒受人追捧的原因之一就是它们和食物能够完美搭配的能力。事实上，很多酒都略嫌厚重，不适合配餐，含有太多的单宁或者太酸，缺少日常生活的饮食搭档。如果配餐难以选择的话，可以尝试一下来自同一地区的食物（比如，鸭子配上法国西南部强劲的红酒，或者沙维翁山羊奶酪搭着新鲜的、青草味桑塞尔白酒）。任何一个好的大厨都会告诉你：“一起成长的东西，搭在一起会不错。”

“没有葡萄酒的晚餐就像没有阳光的日子。”

——布里亚·萨瓦朗

DOMAINE DU CROS LO SANG DEL PAIS MARCILIAC

产地： 法国西南部
风格： 干型红酒
葡萄品种： 费尔萨瓦多
价格： $
ABV： 12.5%

洛桑德柏斯在法国西南部、靠近阿韦龙省的罗德兹小镇的方言中意为"国家的血液"，这款轻盈、美味的红酒色泽浓厚，有着明显覆盆子和黑莓果实味道。这款葡萄酒在饮用前放在冰箱大约半小时会获得最佳的口感，加强它清爽的特质。

配餐： 这是一款所谓的"小酒馆葡萄酒"，风格朴素，用小酒壶或者玻璃水瓶盛装即可，能和很多食物相搭配，它的酸度让人更容易喜欢上在这里广受欢迎的法式油封鸭腿，或者一盘灌肠和鹅肝酱。

开胃酒

提起法国起泡酒，你会首先想到香槟。就像本书中所提到的，除此之外还有很多其他起泡酒。普菲斯特酒庄的阿尔萨斯酒起泡酒就做得非常漂亮。它用当地的白品乐比诺混合霞多丽精制而成（和在香槟酒中一样），口感柔和、丰富，回味悠长。

Domaine Pfister Crémant d'Alsace
法国
12% ABV $$ SpW

墙上的果实

小夏布利是夏布利地区的穷亲戚，它的葡萄酒与"正品"比起来通常被认为缺少生气、不够浓缩。但是莫罗·劳迪特酒庄是一个非常有技巧的葡萄酒生产商（他同时也酿制正式的夏布利酒），这款新鲜、紧实的干白酒是人们可以负担得起的牡蛎或者扇贝（干贝）的优质搭档。

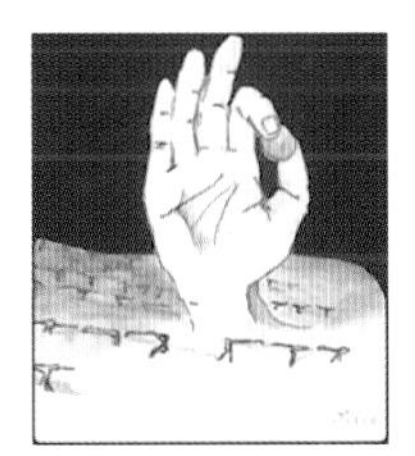

Domaine Moreau-Naudet Petit Chablis
法国
12.5% ABV $$ W

搭配主菜的酒

古碧酒庄是一个开拓性的葡萄酒生产商，它使得一直被忽视、位于鲁西荣地区荒山上的阿格利谷在葡萄酒地图上争得了一席之地。酿制的浓郁健壮型白酒是鱼或者白肉的最佳搭档；而经典的薄荷味红酒是法国小酒馆中的经典酒品，可搭配酒闷仔鸡、图卢兹香肠和牛排薯条。

Domaine Gauby Les Calcinaires Rouge Côtes de Roussillon Villages
法国
13.5% ABV $$ R

餐后甜酒

居宏颂位于比利牛斯山的丘陵地带，在那里，葡萄被大山的气流冷却，这能够带给葡萄酒深刻而尖锐的酸度。小满胜和大满胜葡萄带来了热带水果沙拉的甜味特质，成就了这款为法式苹果挞、布丁蛋糕，或者焦糖布丁而准备的浓烈甜酒。

Domaine Bellegarde Jurançon Moelleux
法国
13% ABV $$ SW

58 男孩们的聚会

准备好了小吃，电视换到了球类比赛，同时晚餐桌子也已经转换成了牌桌。男孩们一个接一个地带着让他们高兴的啤酒和玩笑来了，每一个人都各就其位。也许是在一座优雅而舒适的郊区房子里，但周围的情境会让你产生身处意大利餐饮后厨、维加斯宾馆套房或码头旁边破旧老酒吧的幻觉。就好像这个夜晚是马丁·斯科塞斯或者弗朗西斯·福特·科波拉导演，汤姆·威茨配乐，而你们都成了影片中的人物。平实、简单、沉默寡言，你们只是通过扑克牌进行交流：进攻、失分、败落。你们中的大多数人已经戒烟很多年，或者从来没有抽过烟，但是像这样的一个夜晚需要一个硝烟弥漫的房间，所以你们中的每一个人都在抽一支大雪茄；你感觉在你的杯子里应该有波旁酒或者金朗姆酒。可自从结婚以后，你已经戒掉了在抽烟的时候喝烈酒的习惯，因为在任何情况下，你都需要保持清醒的头脑——你要去上班，而不是去进行追击游戏。还是能找到适合雪茄的甜而辛辣风味的葡萄酒：有着烟草、雪松和巧克力香味的强劲的红酒。你可以小口啜饮，直到熏然欲醉。

“男人喝了酒，就会变得丰富、成功、善辩、快乐而乐于助人。快给我一只酒杯，这样我就会才思敏捷，妙语连珠。”

——阿里斯托芬

MONTES ALPHA CABERNET SAUVIGNON

产地：智利，科尔查瓜谷
风格：强劲型红酒
葡萄品种：赤霞珠
价格：$$$
ABV：14.5%

在智利葡萄酒从本地到走向国际商业化这一进程中，“大哥大”奥雷利奥·蒙帝斯起了关键作用。他是智利葡萄酒走向世界的引导者和大使，同时在智利、美国加利福尼亚和阿根廷发展着他自己的品牌。这款极度浓缩的红酒体现了蒙帝斯的酿造技巧。有着层层的成熟黑醋栗、摩卡咖啡和温暖舒适的橡树气息，这不是一款为喜欢典雅型酒的人而准备的酒款，它的力度和质感意味着它能很好地搭配罗密欧·朱丽叶系列雪茄。

配餐：一个属于男孩子们的夜晚一定会有一些外卖，对于这款酒，更好的搭配选择是牛肉汉堡，而不是披萨或者中国菜。

只用几个便士

另一位“大哥大”，直率的安德烈·万·伦斯堡，是这一具有历史性的伐黑列亘酒庄的关键人物。这里最好的葡萄酒被认为接近顶级南非酒。这款更容易负担得起、受波尔多影响的混合红酒有着令人印象深刻的力道，质地平滑，摩卡黑色果实味道浓郁，有摩卡咖啡的风味特色。

Vergelegen Cabernet/Merlot
南非，斯泰伦博斯
14% ABV $ R

一款你无法拒绝的葡萄酒

超级瓦尔波利塞拉酒，像它的托斯卡纳同等级葡萄酒一样，具有现代风格，采用知名的科尔维纳地区“国际化”的西拉葡萄酿造而成。这款单一葡萄园奢华红酒有着樱桃、甜烟草和杏仁的芳香，还有淡淡的、令人舒适的橡木味。

Allegrini La Grola
意大利，威尼托
13.5% ABV $$$ R

一款为旅途准备的葡萄酒

波特酒和雪茄也许使人有一点维多利亚时期的感觉。这款酒保持了绚丽的外表和黏稠的质地，当需要有着雪茄盒、干李子芳香和柔和甜度的波特酒时，这款由两种葡萄酿制而成的醇厚型酒正好派上用场。

Churchill's Crusted Port
葡萄牙，杜罗
20% ABV $$ F

一款有烟味的白葡萄酒

它或许不是一款适合抽雪茄时喝的葡萄酒，也许更适合在你大吃一顿之前的热身。这款长相思酒有一种微妙的烟味，如题名所示。因为在橡木桶中陈放时间较短，使得酒中有一点奶油和热带水果的味道。

Ferrari-Carano Fumé Blanc，Sonma County
美国，加利福尼亚
14% ABV $ W

59 邻居们的聚会

当你筹备一场大型聚会的葡萄酒时，最需要考虑的就是价格。没人会期待你用珍藏的最好的波尔多酒来招待他们；没有人会要求香槟酒，标准可以设置得低一些。换句话说，你的客人们知道你需要买很多瓶葡萄酒，如果这些葡萄酒已经经过小范围的测试证明它们是令人愉快的，他们就会感到很快乐了。如果将超市里那些最便宜的葡萄酒弃之不用，拿一些稍微好一些的酒来代替它们，当然再好不过了。如果会寻找的话，你就能够发现那些让人快乐的而不是仅仅可以忍受的廉价聚会葡萄酒。最可靠的珍贵红酒大部分在欧洲南部：法国的朗格多克-鲁西荣，意大利的普利亚和西西里岛，以及许多不那么著名的西班牙和葡萄牙的地区。智利通常有很多性价比很高的葡萄酒；还有许多来自南非和法国西南部地区的白酒；也包含西班牙的卡瓦起泡酒；来自世界各地的各种桃红酒通常也不贵。

“葡萄酒带来快乐；
但是钱能和一切挂钩。”

——传道书10：19

LES JAMELIES SYRAH

产地：法国，朗格多克
风格：浓郁型果味红酒
葡萄品种：西拉
价格：$
ABV：13.5%

莱礼士葡萄酒非常适合一场为了邻里和睦而举办的聚会，它是一款非常值得一试的酒，是勃艮第葡萄酒制造商和法国南部朗格多克地区当地种植者协作的结果。它是那些无所不在的商标中的一个，通常出产很好的酒，有时酒品品质很出色，而且价格很合适。在最近的产品中，慕合怀特酒特别可口，但没有这款西拉酒那么普遍。这是一款有着典型西拉果味的辛辣型红酒，适合所有的大型聚会场合。

配餐：这款酒含有柔和的单宁，果实香气浓郁，适合单独饮用，不需要搭配甜点或点心之类，或者只是搭配美味的自助餐小吃。

便宜而令人愉快的智利酒

佩德罗·希梅内斯葡萄，以能够酿出安达卢西亚浓密和甜蜜的加强型酒而著称，也在智利北部的艾尔基谷大量种植。在那里，它经常被用来酿制国家葡萄酒皮斯科。维纳·法兰尼用它酿制出这款新鲜、芳香、典雅，适用于聚会的干白酒。

Viña Falernia Pedro Ximénez
智利，艾尔基谷
13% ABV $ W

葡萄牙的便宜酒

"Brigando"在葡萄牙语中的意思是小偷（或者强盗），这款果味浓重的红酒价格便宜。澳大利亚和葡萄牙风格共存于这款用当地的国产多瑞加和罗丽红混合的西拉酒中，丰盛而强健，即使单独饮用也不会感到太酸或太涩。

DFJ Vinhos Brigando Shiraz
葡萄牙，里斯本
12% ABV $ R

用起泡酒来庆祝

科多纽是卡瓦两个重要产品中年代较久远的一个（另外一个是菲斯奈特），每年都大量生产。不是每一瓶都是举世无双的，但是这一款强烈的起泡酒，有着微妙的苹果和坚果的风味，在近期品质提升了很多，价格也很亲民。

Codorníu Original Brut Cava
西班牙
12% ABV $ SpW

廉价的经典开普酒

如此令大众满意的高品质的开普混合白酒，主要采用维欧尼葡萄，这给葡萄酒带来了芬芳的桃子和花朵气息。马克·肯特是才华横溢的幕后葡萄酒制造商，使用同一沃尔夫查普商标的丰润的红酒和桃红酒拥有同样的高品质。

Boekenhoutskloof The Wolftrap White
南非
13% ABV $ W

60 招待贵客

当你的车道上响起温和的鸣笛声，意味着尊贵客人的到来，是时候让你珍藏的葡萄酒出来亮个相了，只有这样的酒才能够满足他们一向的高标准要求——那些贴着公平贸易“标章”的酒。与同样贴有比标章的咖啡和巧克力相比，曾经有过那么一段时间，喝具有“公平贸易”标章的葡萄酒显示你的道德规范等级远远高于你的品尝水平。这项运动确保了各个国家受认证的生产商其价格和交易的公正性，即便之前情况并非如此；也为葡萄种植组织提供资金，在十多年前开展得有声有色。不幸的是，这个活动中的第一批酒就出现了明显的欠佳状况，比那些更容易买到的同等次酒还要贵一到两美元。情况如今已有所改善，虽然很多产品水平仍有待提高，在接受该行动的三个国家中——阿根廷，智利和南非，许多优质甚至特级的葡萄酒在公平交易准则下生产，在价格方面会让买卖双方都感到“公平”。

“吃晚饭，喝香槟，大喊大叫，穿着燕尾服的侍者忙得团团转，如奴仆一般；这时你在桌边发表一些关于人类意识、良知、自由等的演讲……这就和向圣灵撒谎一样。”

——安东·契诃夫

CITRUSDAL SIX HATS CHENIN BLANC

产地：南非，西开普
风格：浓烈的干白酒
葡萄品种：白诗南
价格：$
ABV：12.5%

南非耻辱的政治往事的影响在这个国家仍然随处可见，在酒乡也不例外。白人的所有权仍然保持过去的标准，而大部分的黑人农业工人经常生活在极其贫困的状态中。但在工业方面正采取措施来改善这种情形，有着葡萄酒制造商和农民双重身份的查尔斯·巴克引领着这一切——无论是在他经营的美景酒庄里，还是在这个由来自以前落后的团体的人们拥有和经营、查尔斯发起的公平贸易工程里。这款来自斯特鲁斯达尔项目的清澈而新鲜的干白酒有着强烈的青草和奶油冻苹果味道，是价格非常合适的经典南非白诗南酒，它的一部分的利润直接捐献给当地贫困民众。

配餐：野餐烤肉也称作烧烤，是南非特产，最适合搭配本款酒。这款白酒和放置在蜂蜜、酱和辣椒粉中腌制、用于户外烧烤的鸡肉分外合拍。

智利的“公平贸易”酒

来自西班牙跨国公司托雷斯的智利圣迪纳葡萄酒的一部分利润过去通常被投资到当地葡萄种植户的社会扶助工程中。这款由出人意料的派斯葡萄酿制的充满生气的浆果香味起泡酒就是其中出类拔萃的一款。

Torres Santa Digna Sparkling Rosé
智利，库里科
12% ABV $$ SpRo

阿根廷的"公平交易"酒

这是一款由家族企业用购买自经“公平交易”认证的“团结葡萄园”的葡萄酿制的强健型奢华红酒。该葡萄园由19个小农户组成。

Soluna Premium Organic Malbec
阿根廷，门多萨
14% ABV $$ R

合作产品

在欧洲最接近“公平贸易”生产的是陆地的许多合作社，由诸多种植者共同经营。但他们之中并不是所有人都关注自己产品的品质。但是法国加斯科尼的普莱蒙却是品质的坚定追逐者，其对品质的执着就体现在这款有着浓烈菠萝和芒果风味的白葡萄酒中。

Producteurs Plaimont Les Bastions Blanc，Saint-Mont
法国
13% ABV $ W

积极分子的选择

巴尔托洛·马斯卡雷略因其倡导的公有社会政策和非常棒的葡萄酒而出名（他的一款葡萄酒因为贴上意在与意大利总理西尔维奥·贝卢斯科尼对抗的标签而闻名）。他的女儿现在用这款畅爽充满黑樱桃味的红葡萄酒继续着他的事业。

Bartolo Mascarello Dolcetto d'Alba
意大利，皮埃蒙特
13% ABV $$ R

61 40岁生日

现在经常会出现这样的情况：当你站在健身房里被那些年轻到足够当你孩子的人群包围的时候，会感到喘不过气来；“与年龄不相称”的短语会经常出现；你经常会用审视的目光打量着无情的更衣室镜子里那个可怜的人。此时本杰明·富兰克林的著名言论就像无用的安慰。你会这么想：我才不要什么判断或是智慧，我只希望我的青春回来。最近，在40岁生日日益逼近的日子里，你已经开始阅读成功人士的传记和相关杂志报导，更关心到他们的小说开始畅销或者他们开始进行价值数十亿美金的生意的年龄。幸亏有那些大器晚成的明星，比如史蒂夫·乔布斯，当他再次进入苹果公司开始他的成功之旅时已经41岁了；或者雷蒙德·钱德勒，当《长眠不醒》完成的时候，他已经51岁了。同理，很多葡萄酒也是在成熟之后才进入全盛时期的。在西班牙西北部的里奥哈，这个道理广为接受。贴有“特级珍藏”标签的葡萄酒必须在酒桶里至少陈酿两年、再在酒瓶里待上三年才能上市；许多葡萄酒生产商会珍藏更久。最好的酒无论到何时，都有着稳定、成熟的品质，尽管口感依旧轻松活泼。和此刻的你一样，它们现在已经充分准备好了但也依旧有着无限的未来。

“二十岁时起支配作用的是意志；三十岁时是智慧；四十岁时是判断。”

——本杰明·富兰克林

LA RIOJA ALTA VIÑA ARDANZA RIOJA RESERVA

产地：西班牙，里奥哈
风格：干型红酒
葡萄品种：混合
价格：$$$
ABV：13.5%

里奥哈地区最古老的生产商之一拉·里奥哈·阿尔塔始终如一地使用传统方法酿酒。在位于葡萄小镇阿罗的全通气酒窖中，井井有条地摆放着落满灰尘的美国酒桶、布满蜘蛛网的酒瓶。这款葡萄酒给人一种美妙的怀旧风格的感觉。这里的许多里奥哈酒酒体大，黑色果实风味浓郁。拉·里奥哈·阿尔塔酒有着皮革和肉的风味特色，同时还有柔和的草莓和微妙的椰子、烟草气息，复杂、圆润、可口。

配餐：柔和的香气和质地与微妙的风味完美结合，贯穿在这款里奥哈葡萄酒之中，和烤制完美、中间仍是粉色嫩肉、入口即融的羔羊肉是完美的搭档。

经济型选择

这是另一家优秀的古老里奥哈酒庄，酿制各个价位的优质葡萄酒。此款酒为卡兰萨风格，佳酿在木桶和瓶子中度过的时间更少一些，有着明显的水果风味（草莓和黑莓），以及微微的椰子香味。

CVNE Crianza
西班牙，里奥哈
13.5% ABV $ R

奢华型选择

这是一款奢华的酒，产自位于拉·里奥哈·阿尔塔山。有着香料、香子兰以及红色与黑色果实的气息。其风味随着陈酿时间的延长而变得更加醇厚可口。

Marqués de Murrieta Castillo Ygay Gran Reserva Especial
西班牙，里奥哈
13.5% ABV $$$$$ R

澳大利亚酒款

与其他的经典的欧洲葡萄品种不同，里奥哈的添普兰尼诺在西班牙和葡萄牙之外并没有被广泛种植。但是这款澳大利亚添普兰尼诺酒表现不错，同时也有着葡萄牙国产多瑞加的特色，果味强劲，充满生气，余味有紫罗兰气息，单宁如天鹅绒般柔滑。

SC Pannell Tempranillo/Touriga Nacional
澳大利亚，麦克拉伦谷
14% ABV $$ R

里奥哈白酒

里奥哈的白酒没有红酒那么著名，但这款橡木陈年的霞多丽酒值得一试。桃子和白花水果的香气中增添了橡木带来的坚果和香草味。

Bodegas Muga Rioja Blanco
西班牙
13% ABV $$ W

法国和美国的橡木

酿制葡萄酒的木制酒桶的两个主要来源地是法国和美国。在里奥哈，葡萄酒酿制者传统使用的是美国橡木桶，它能增添“甜味”，例如椰子和香草的气息。然而最近，许多现代的生产者转而使用更贵的法国酒桶，它会为葡萄酒增添更舒适、更刺激的口味。

62 离职

很少有人想要一辈子只做一种工作。对于一个从毕业到退休都耗在唯一一个机构的人来说，持续四十年的工作中的变化就只能通过偶然的转变办公桌和楼层来体现了；无论这种变化发生在哪个年岁，并没有太多感受的差异。在如今更为灵活的（有些人可能更喜欢称之为“无情”）劳动力市场，在找到下一份工作之前（或者有一个意向），很少有人能够贸然离开办公桌前；我们宁可冒着背叛的风险也不愿被替代或丧失机会。葡萄酒的世界并不像大多数工业那样动荡。许多生产公司已经被同一个家庭拥有和运营好几代，甚至好几个世纪。但也并不是保持真空状态，在过去的几十年里，葡萄酒制造商和任何其他的专业人员一样，已经服从于全球化的挑战和机遇。大多数葡萄酒商现在都认为，能够将他们辛劳多年开发出的酒庄开遍全球，会是颇具活力的发展模式。许多葡萄酒生产者已经通过建立新的海外基地来扩展他们的事业。那么，要迎合这个比以前出现得越来越多的场合，就要选一瓶来自这些不安分的酒商的葡萄酒，那些不满足于现状的酒商。

“我无法想象，没有我，你会去做什么。”

——伊丽莎·多莉特在《卖花女》中的台词

CHATEAU STE • MICHELLE EROICA RIESLING

产地：美国，华盛顿州
风格：芳香型白酒
葡萄品种：雷司令
价格：$$$
ABV：11%

欧尼·洛森是德国最好的葡萄酒制造商之一，他同时也是世界上最不安分的人之一。他同时运营在摩泽尔河谷（露森庄园，已由其家族运营超过200年）和他的家乡法尔兹的两家公司。从1999年开始，他又成为美国华盛顿州北美最好的雷司令酒生产商之一。他如愿以偿地和该地区最大的生产商圣·米歇尔酒庄取得合作，成就了这款令人激动的纯净干白酒，有着充满生气的核果和酸橙的气息以及矿物味。

配餐：这款酒有着鲜明的酸橙特色，同用酸橙和柠檬草做成的泰国脆泡汁脆泡的鱼有着天然的结合力。

经济型选择

约瑟·曼纽尔·奥尔特加放弃了在投资银行赚钱的工作，追逐自己酿制葡萄酒的梦想。他对智利、家乡西班牙和阿根廷充满兴趣，在这些国家，他用特殊的葡萄品种特浓情酿造出了这款芳香、精致的白酒。

O Fournier Urban Uco Torrontés
阿根廷，门多萨
13% ABV $ W

奢华型选择

奥贝尔·德·维莱纳是杰出的勃艮第罗曼尼·康帝酒庄（DRC）的所有者。他也在纳帕谷酿制类似的精良红酒（比如这款，所来用的葡萄品种是美乐和赤霞珠），合作者是他美国妻子的表兄弟，海德葡萄园的拥有者。

HdV Belle Cousine，Hyde de Villaine，Carneros
美国，加利福尼亚
14.5% ABV $$$$ R

在葡萄牙的澳大利亚人

20世纪80和90年代，一批澳大利亚葡萄酒制造商为欧洲酿酒业带来新技术。戴维·贝维斯托克是其中之一，如今他已经留在葡萄牙充满阳光的阿伦特茹地区，用他的技巧酿造出甘美、风味十足的葡萄酒。这款酒就是用葡萄牙最受喜爱的本土红葡萄品种国产多瑞加酿制的。

Esporão TN，Touriga Nacional
葡萄牙，阿伦特茹
14% ABV $$ R

在澳大利亚的法国人

米歇尔·沙普捷的家族在罗讷峡谷的资产和利润在极大的扩展之后，他带着有机生产的哲学到了澳大利亚，在那里，他用罗讷品种西拉（在澳大利亚称为“设拉子”）生产出昂贵、辛辣的红酒。

Domaine Terlato & Chapoutier lieu dit Malakoff Pyrenees Shiraz
澳大利亚，维多利亚
14.5% ABV $$$ R

63

在一家有机餐馆

你已经走过这个地方很多次了，但是你一直在想，这里不是属于你的地方。并不是说你对“有机”这种东西有任何的排斥；与此完全相反：你尊重任何一个长期观察研究和努力工作、而不是追求短期利益和快速化学反应的人，其实你很愿意在食品杂货店购买有机的水果和蔬菜。但是这其种所包含的一些风险提醒你这也许并不合适，有时候商家只是用这种“有机”的状态去确定自己在市场中的位置，让人不得不怀疑其动机和目的。当还有很多其他的餐馆在低调地使用有机食材的时候，为何他们要如此高调地张扬？而其价格也让人产生怀疑。好吧，或许有机食物的生产成本更高，但是真的要达到标签上那个价格吗？这让人产生华而不实的感觉：所有这一切似乎都只是精明的促销手段，毫无趣味。葡萄酒可能也是有机的，但无法让人确信。某一天，你在窗外停下来，看到这里的葡萄酒清单。你注意到你最喜欢的一个生产商的名字，一个你从未想过会与“有机”相关的生产商；然后，你认出另外一个，再一个……或许这里确实有点什么可以尝试一下；或许最终你会走进去……

“让食物变成药，药变成食物。”

——希波克拉底

MATETIC CORRALILLO SYRAH

产地：智利，圣安东尼奥
风格：强劲型辛辣红酒
葡萄品种：西拉
价格：$$
ABV：14.5%

智利葡萄酒制造商常会指出，他们的国家与世界其他葡萄酒国家区别明显，因为太平洋、安第斯山脉、南极洲和阿塔卡马沙漠形成的防御封锁线使得这里的葡萄园免受害虫和病害的侵扰，十分适合有机生产。顶级的生产商马特迪克在很有前途的沿海圣安东尼奥地区独领风骚，他以生物动力学法进行种植，重视月历和其他超越常规的理念。佳酿的产生是因为生物动力学方法，还是只因为酿制方法，这还在争论之中。但无论如何，酒的品质极佳，特别是西拉酿成的不同类型的酒款。这款酒是其中最低价的，显示着品牌所特有的力道、深度和纯度，有着鲜磨胡椒、成熟黑莓的味道，质地如天鹅绒般光滑。

配餐：珍贵的有机牛排。

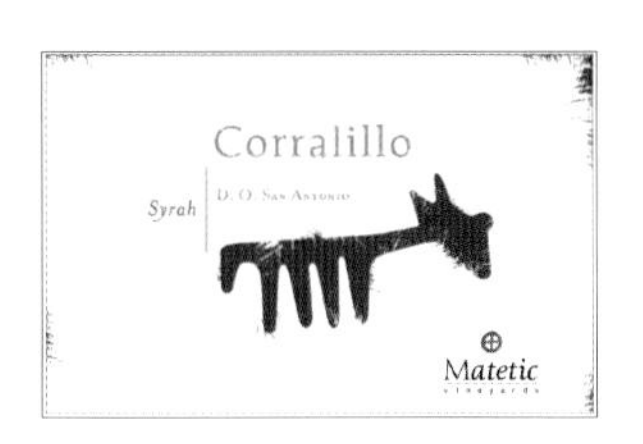

搭配有机食材沙拉

这款佳酿来自以其索泰尔讷甜酒而著称的芝路酒庄。这个酒庄在被一个包括一对波尔多顶级生产商在内的财团接手后，最近转向有机生产。这款经典的赛美蓉和长相思混合干白酒有着甜蜜葡萄柚的活力。

Le G de Château Guiraud Bordeaux Blanc
法国
13.5% ABV $$ W

搭配有机面食

柯蒂布安诺酒庄所在原是一座修道院，是一家具有历史意义的托其卡纳酒庄。如今业主满怀激情地进行有机化生产改造。这款纯净透明、带有樱桃香味和薄荷气息的红酒值得一试。

Badia a Coltibuono Chianti Classico
意大利，托斯卡纳
14% ABV $$ R

搭配有机牛排

在法国葡萄酒业，米歇尔·沙普捷一直是先锋人物，同时也是生物动力学和有机耕作的倡导者。他运营着一个多产的葡萄酒的帝国，在法国和澳大利亚都拥有产业，他的家乡在罗讷。这款来自罗讷北部、有着肉味和辛辣味的100%西拉酒是这里最好的单一酒槽酒之一。

Chapoutier Les Meysonniers，Crozes-Hermitage
法国，罗讷谷
13.5% ABV $$ R

搭配有机的亚洲食物

特·沃利·拉是一座小型家庭酒坊，夫妻二人联手酿制，采用生物动力学和有机的自然实践方法，酿造出的葡萄酒优雅而纯净。这款干型雷司令酒的果实来自拥有30年树龄的葡萄藤，有着爆炸性的酸橙汁风味，劲酷似钢刃。

Te Whare Ra D Riesling
新西兰，马尔堡
12.5% ABV $$ W

招待葡萄酒痴迷者

葡萄酒痴迷者是所有客人中最难伺候的。这不仅仅是因为他们对葡萄酒的痴迷让他们变得粗鲁或者迟钝；还有就是几乎难以有酒品能让他们感到满意。他们以自己难以取悦而感到骄傲；以对酒品的识别能力、特别是没有什么能满足他们而感到自豪。正如大多数强迫症患者一样，他们不可能转变吹毛求疵的风格，就像影迷面对电影光盘，他们本能地无法接受一款“商业化”葡萄酒。如何招待像这样的客人？来点不起眼的酒。如果他们真喜欢葡萄酒，这个方法一定奏效。对葡萄酒痴迷者来说，“喜欢”只是葡萄酒吸引力的一小部分；正是不断探索和有所发现的新奇感，才让他们越走越远。所以，放弃选择诸多新兴葡萄酒国家和欧洲地区酒的惯有思路，尝试来自这些区域的酒：欧洲中部、东部、东南部（斯洛文尼亚，克罗地亚，格鲁吉亚，希腊），或者法国的一些小区域（汝拉，马西亚克，费诺雷德斯），西班牙（比埃尔索，曼切艾拉，里贝罗），意大利（埃特纳，艾格尼种·沃尔图尔，瓦莱达奥斯塔）。

“一个老酒鬼遭遇铁轨交通事故而不久于人世，有人在他的嘴唇上倒了点酒让他苏醒。‘1873年的波亚克酒’，他喃喃自言，溘然长逝。”

——安布罗斯·比尔斯《魔鬼辞典》

MORIC BLAUFRÄNKISCH

产地：奥地利，布尔根兰
风格：辛辣典雅型红酒
葡萄品种：蓝弗朗克
价格：$$
ABV：13%

在许多生产商的葡萄酒被发现加入危险的化学物品的丑闻之后，奥地利葡萄酒卷入了20世纪80年代的国际大萧条中。就像一位年长的歌手或是歌曲作家用生命后期更为强烈、睿智的素材再次成功回到舞台。在过去的十年里，奥地利酒成为许多葡萄酒痴迷者所追捧的产品之一。这款白酒用绿维特和雷司令葡萄酿制，是最早被发现的令人好感度剧增的葡萄酒。近来，这里的红酒，特别是用当地品种蓝弗朗克和茨威格酿制的酒开始赢得称赞，几乎可以媲美偶像级生产商莫里奇的出品。芳香柔滑，典雅如黑品乐酒，有着微妙的胡椒香味，这是一款任何人都会爱上的葡萄酒。

配餐：搭配奥地利经典的菜肴面包小牛肉，维也纳炸小牛排，会从三个方面满足葡萄酒痴迷者：并不太过强烈的风味能使他们关注到葡萄酒；这是葡萄酒搭配当地菜肴的模式，葡萄酒痴迷者所推崇的搭配方式；同时作为20世纪70年代食谱的主体，这种搭配方式有着复古的吸引力。

2010
BLAU
FRÄNKISCH
BURGENLAND
12,5%VOL 750 ML
MORIC

不起眼的西班牙酒

葡萄酒痴迷者的注意力已经从著名的葡萄牙地区例如里奥哈和杜罗河转移到了一些新兴热点地区，比如曼确拉，那里的生产者用迄今为止都不太知名的博巴尔葡萄酿制美味的葡萄酒。这款果味充盈的清淡红酒适合冷藏饮用。

Bodegas y Viñedos Ponce Clos Lojen
西班牙，曼确拉
13.5% ABV $$ R

葡萄酒痴迷者的头奖

对门外汉来说，这款法国的珍品酒复杂而美味：有着坚果和咖喱的香气，橙子等柑橘类植物的风味。对于葡萄酒痴迷者来说，这等于中了头奖：颇有历史而不起眼，采用非常规方式酿制（和菲诺雪利酒一样，在一层酵母之下陈年）。关于这款酒，他们可以谈论上几个小时。

Berthet-Bondet château-Chalon Vin Jaune
法国，汝拉
13.5% ABV $$$$$ W

橙色葡萄酒

你听说过红葡萄酒、白葡萄酒和桃红葡萄酒……但是橙色葡萄酒呢？让白葡萄汁更长时间地接触葡萄皮才能得到的酒品，是葡萄酒痴迷者趋之若鹜的佳品。如果表现不错，就像这款来自斯洛文尼亚的酒，芳香浓郁，辛辣，单宁的感受类似红酒。

Kabaj Rebula，Goriška Brda
斯洛文尼亚
13.5% ABV $$$ W

在陶罐中陈年的酒

前苏联格鲁吉亚共和国的许多生产商复兴了传统的用黏土双耳细颈酒罐酿制葡萄酒的方法。这款由瑞典人、美国人和格鲁吉亚人的合作的产品展现出这种酿制方法的特色：纯净的红葡萄酒，有着黑醋栗风味和略微的樱桃皮、坚果气息。

Theasant's Tears Saperavi
格鲁吉亚，卡赫基
12.5% ABV $$ R

在家附近的酒吧

大多情况下，葡萄酒在酒保清单上的位置是靠后的。啤酒和烈性酒是你账单的主力，而葡萄酒的分门别类及相应的待酒事宜足够让他们头痛，因而宁愿外包出去。当然也有例外，如果你足够幸运，能够生活在一个专注的葡萄酒酒吧附近。你能够意外发现爱好葡萄酒的调酒师，他们的知识、等级和热心使得即便烹饪精良的餐厅也相形失色。一些酒吧甚至安装了最新的葡萄酒冰箱，确保已经打开的葡萄酒能够储存几个星期，这使得顾客所选择的酒品可以杯出售，因为挑剔的酒吧老板不再担心打开的葡萄酒只卖一杯。然而从大体上或者平均来说，你在酒吧寻找的葡萄酒与你在餐馆的选择范围肯定有很大的不同。没有食物可以去减轻它们坚硬的棱角，因此单宁含量高的红酒、高度白酒和橡木桶酿造的所有种类的葡萄酒的需求较少。水果浓郁、质地柔和的酒款是酒吧里售得不错的，但是对于葡萄酒，平衡的物质是一如既往的追求。

“啜饮葡萄酒的时候，就会觉得梦想从夜色中跳出来回到我们身边。”

——D.H.劳伦斯

CONO SUR BICICLETA PINOT NOIR

产地：智利，中央谷
风格：活泼的果味红酒
葡萄品种：混合
价格：$
ABV：13.5%

黑品乐葡萄近年来在智利广泛种植。由颇具威望的酿酒师阿道夫·乌尔塔多领导的柯诺苏酒庄是首先重视黑品乐的生产者。该酒庄出产强劲、值得陈年的葡萄酒，这款广泛发售、价格不贵的酒款你很可能会在家附近的酒吧找到它。它的价格相当合适（这种葡萄酿制的酒通常都很昂贵，所以这款性价比极高），果味浓郁、柔滑，刚好合适的新鲜的酸度，可以不必配餐单独饮用。

配餐：常见的酒吧食物，例如香肠和炸薯条，或者烤干酪辣味玉米片和奶酪，都会和它搭配得很好，尽管这款葡萄酒不必搭配食物也很美味。

冬天的酒吧

一款深色的葡萄酒，颇具内涵、浓缩度高，正如你对澳大利亚南部酒的期待。尽管经过了几个月的橡木桶陈酿，但是它一点也不显得沉重。水果气息明显突出，没有黏滞感，单宁柔和，这是一款令人感到轻松、可以在冬天用来取暖的葡萄酒。

Willunga 100 Grenache
澳大利亚，麦克拉伦谷
14% ABV $$ R

在啤酒花园

这款非橡木桶酿制的阿尔萨斯白酒有着圆滑的质地和充盈的水果味，这让它们非常适合单独饮用。属于干型白品乐酒，柔滑，有着苹果花香味，回味中略有清新的矿物质味，也可以搭配食物饮用。你可以尝试用它搭配鱼、白肉、奶油酱，或者奶酪。

Domaine Zinck Pinot Blanc Portrait
法国，阿尔萨斯
13% ABV $$ W

一杯调皮的起泡酒

当你只是想在当地随便喝点什么的时候，你不太可能来上一瓶香槟，突破自己的预算，但是一杯起泡酒却不需要考虑太多。意大利普罗塞克酒和西班牙卡瓦酒是两个可以考虑的经济型选择，或者你可以从附近的酒吧找到来自勃艮第的起泡酒，价格不高，同样有着类似香槟的苹果气息和舒适风味。

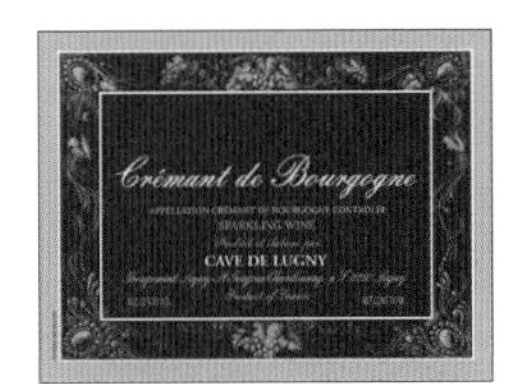

Cave de Lugny Crémant de Bourgogne
法国，勃艮第
12% ABV $$ SpW

一杯桃红酒

一杯简单的干型或半干型杯售桃红酒会是一个不错的选择，它在特色和风味方面都不逊于红葡萄酒。这款强健的法国南部酒来自罗讷和朗格多克交汇的地区，红醋栗风味浓郁，同时还略有胡椒气息。

Château Guiot Rosé, Costières de Nîmes
法国
13% ABV $ Ro

66

离婚

正如托尔斯泰的著名幸福家庭理论所说的那样，每一个幸福的婚姻都是相似的，但是每一个不幸的婚姻却各有各的不幸，每个不良关系的结局都有其独一无二的特点。一段婚姻的分裂原因是各个方面的。有些怨偶们会找时间一起喝上最后的一两杯，以示停止争执，告别所有的不快。为这种平静、理智、苦乐参半的分手时刻备的葡萄酒，与激烈、愤怒、不可调和，声明“我再也不想见到你”的情境是大有区别的。在这种情况下，每个人都希望抹掉过去，做出独立的声明，开始追求新的、更好的未来。他们甚至可能急着与他们的朋友和家人开一场十分后现代的庆祝会——离婚聚会。当一直渴望的离婚终于实现的时候，他们或许会去享受冰镇香槟。

“他教会我料理家务（housekeeping）。当我离婚的时候，我只剩了房子(keep the house)。”

——莎莎·嘉宝

PIEROPAN SOAVE CLASSICO LA ROCCA

产地：意大利，威尼托
风格：干型白酒
葡萄品种：卡尔卡耐卡
价格：$$
ABV：12%

凉爽沁人是这款来自意大利东北部苏瓦韦地区单一葡萄园优雅白酒的主要特征。你不会觉得它清淡寡味，它只是平实沉静，展现的梨、柠檬、甜蜜的杏仁和类似龙蒿的香草风味并不是那么咄咄逼人，却颇具吸引力。这是一款表达宽恕的酒，而非遗忘、记恨，甚至还带着点遗憾，希望对方铭记的是那些好时光而不是坏时光，为彼此美好的未来而举杯祝福。

配餐：无论是丢开错误的爱情还是重拾自由，招待自己一顿豪华大餐吧，饮用这款在诸多餐厅酒单上都能找到的酒，搭配的就是赛普尼禄，用自身墨汁烹制的墨鱼。

离婚的代价

你也许沉浸在这样的情绪当中，希望喝两杯赶走忧郁，冲走怨恨，并且希望你自己能够走向未来，但在此之前，你的前妻（前夫）和你的律师已经使你一无所有。幸好桃乐丝清新脆爽的干型白酒与他们一样，它从不会让你失望，它会带走你的不快，却无需花费太多。

Torres Viña Sol
西班牙，佩内德斯
12.5% ABV $ W

悔恨的红酒

这是一款可替代苏瓦韦红酒，能安抚人心，非收敛的和谐红酒，也来自意大利的东北部。淡淡的红浆果气息和弥漫着的植物芬芳使它显得那么柔和、轻盈和纯净，提示着你应该让自己的时间过得更加轻松单纯。为此花费一点走出法院后还剩下的那点储蓄也是值得的。

Monte dei Ragni Valpolicella Classico Superiore
意大利，威尼托
13.5% ABV $$$ R

我已经忘记你了

争吵已经结束了，你再也不需要见到那些人了。最亲近的朋友们都在这里，他们给你带来抚慰。准备好开始新的生活了吗？好吧，这款肉质的白酒或许会使你摆脱不悦的情绪。醇香而肉质的忍冬和杏子的香味唤醒了你的激情，在过去那段不堪回首的情感中你曾经以为自己不会再爱了。

Domaine Cuilleron，La Petite Côte Condrieu
法国，罗讷
13% ABV $$$$ W

苦涩的结局

对于失败的情感，很多人难以释怀，更不会选择谅解。一开始我们会仔细回想那种痛苦，不断感受这种坏的感觉，以避免未来再次犯错。我们希望发泄情绪，而不是保守地沉默寡言。这款美味的葡萄酒中贯穿着苦味和焦油味，带来的感受就像棒球比赛中在泥淖中挣扎，最后终于得分一样。

Endrizzi Serpaia Morellino di Scansano
意大利，托斯卡纳
12.5% ABV $ R

67 女孩们的聚会

对于一个只有女孩子的场合，最适合的酒是那些由女人酿制的酒。由于历史的原因导致你不能有太多的选择。在欧洲大部分历史中，女人在一个月的某些时间是不允许进入酿酒厂的，担心她们的出现会糟蹋葡萄酒；这种顽固而持久的迷信甚至到现在仍然没有完全灭绝，女人在葡萄酒领域占有一席之地的情况是很少见的（香槟地区两个著名的寡妇，19世纪的克里格·庞莎夫人，凯歌香槟的主人；20世纪的博林杰夫人，是两个例外的知名人物）。情况也在慢慢发生改变，但直到今天，在葡萄酒酿制工作的重要岗位上，女人依然没有男人多；同时一些国家依然在这方面较为落后，仅仅是因为一款由女人酿制的葡萄酒不再有报道价值。事实上，如果你对异性酿造的酒一直没太大兴趣，你也许特别容易喜欢上由女人酿制的葡萄酒，在今后的日子每天尝试一瓶不同的葡萄酒。

“男人做的事情，我穿着高跟鞋一样做得更好。”

——金吉·罗杰斯

CASA MARTN CARTAGENA PINOT NOIR

产地：智利
风格：优雅型红酒
葡萄品种：黑品乐
价格：$$
ABV：14%

玛利亚·卢斯·马琳的故事是一个鼓舞人心的传奇。她花费了数年的时间成为葡萄酒制造商，而智利的这一领域一直是由男人支配的。她始终专注于创立自己的企业，自由酿制自己想要的葡萄酒。在自谋生路的时候，她选择了圣安东尼奥谷，圣地亚哥西部朝向太平洋海岸的地方，当时那还是一个从未与葡萄酒产生过联系的未知领域。经过了十年左右，她最终证明这里凉爽的气候和理想的土壤可以出产典雅、充满生气的白酒和更为轻盈的红酒。卡塔赫纳品牌的葡萄酒可以让大多数人消费得起，就像这款品乐酒，有着马林庄的独特风格：优雅、高贵，红色果实气息浓郁，柔滑，带着些微矿物气息。

配餐：这款酒单独饮用就很好。因为其中的单宁柔和，能和白肉、鸭肉、多肉的鱼类例如鲑鱼等搭配得很好。

经济型选择

维多利亚·帕瑞特以她父亲的名字为她位于西班牙西北部鲁埃达的酒庄命名，她对当地的葡萄品种弗德乔的潜力有着坚定的信心，它在帕瑞特的手里被酿成一款新鲜、像长相思一样芳香的白酒，混合着热带水果和野生香草的芬芳。

Bodegas José Pariente Verdejo
西班牙，鲁埃达
13% ABV $ W

奢华型选择

世界上最负盛名的葡萄产区中最负盛名的葡萄酒庄——勒弗莱夫葡萄园是由梦想家安妮·克劳德·勒弗莱夫拥有并经营的。这是一款对一些特殊场合来说绝对优质的葡萄酒：浓郁而纯净，和谐而富有活力的霞多丽酒。

Domaine Leflaive Chevalier-Montrachet Grand Cru
法国，勃艮第
13% ABV $$$$ W

别叫我小姑娘

自从万尼娅·库伦在20世纪80年代从事葡萄酒酿制事业，她的家族就在澳大利亚西部拥有最受尊敬的地位，而她自己也成为了第一个赢得年度澳洲葡萄酒制造商名头的女人。她酿造的酒以其浓郁、纯净的黑色果实气息和柔和的单宁为特色，这是其产品的典型风格。

Cullen Margaret River Red
澳大利亚西部
12.5% ABV $$ R

新西兰先驱

简·亨特不再整天待在以她命名的酿酒厂负责葡萄酒酿制，但是这位马尔堡长相思酒的先驱仍然以总经理的身份经营着她的酒厂。这款酒极好地保持了地当地风格：强劲，充满醋栗、百香果和接骨木的气息，透亮、脆爽。

Hunter's Sauvignon Blanc
新西兰，马尔堡
13% ABV $ W

68 感恩节

感恩节是典型的北美节日，伴随着火鸡、南瓜饼和美国足球赛，在世界其他地方不会采用的庆祝方式。感恩节起源于在欧洲更为广泛的传统收获节。马萨诸塞州普利茅斯的清教徒移民在1621年设立节日用以感激特别的大丰收，这种风格来自英格兰。在今天的欧洲，秋季你不需要走太远，就能够遇到一些用庆祝活动来纪念丰收的场景；在一些葡萄酒地区会举行生动有趣的收获葡萄庆典（法国）或者葡萄收成祭典（西班牙）。当你考虑在感恩节用哪种葡萄酒时，你会想到这些传统，此时葡萄酒不仅是感谢的情感标志，还是我们和大自然联接的纽带。在北美洲的感恩节仪式中，葡萄酒是作为所供应的各种各样食物的搭档，呼应蔓越橘酱的酸度，减轻却不压倒火鸡的肥腻，淡化甜土豆中淀粉的厚重感，一款优质黑品乐酒就能做到。

“我们乡下的祖先，并未受到太多上天的庇佑，勤勉劳作，依靠最终的出产过活。在一年中收获的日子纵情欢乐，满怀感激地举行宴会、奉上祭品。”

——亚历山大·蒲柏
《仿贺拉斯》

BERGSTRÖM CUMBERLAND RESERVE PINOT NOIR

产地：美国，俄勒冈，威拉米特谷
风格：优雅型红酒
葡萄品种：黑品乐
价格：$$$
ABV：12%

由美国家庭（有一点瑞典血统）酒庄生产的这款葡萄酒是世代合作的成果，葡萄园是由父母伯格斯特隆夫妇种植，现在由儿子葡萄酒制造商乔希连同他的兄弟姐妹在经营。这是一款威拉米特谷的黑品乐酒，特别适美国式的感恩节，质地柔和而流畅，有着明显的红色果实风味，类似这个葡萄品种在其家乡的表现，展现了灌木丛的气息。

配餐：酸度活跃，气味芳香，单宁丝般柔滑，意味着这款用黑品乐酿制的清淡红酒对感恩节火鸡来说永远是合适的搭档，它减轻了鸡肉的油腻感，与其中的甜味配菜也搭配得很好，同时不会削弱酒本身的风味。

经济型的感恩节酒

神马酒庄曾经只是一个名义上的酒厂，既没有酿酒厂也没有葡萄园，而现在这些它都拥有了，却仍然从俄勒冈当地购进葡萄果实，环顾整个市场，也唯有它能使你以非常合适的价格拥有一款丰满、肉质，搭配火鸡的现代品乐酒。

Firesteed Pinot Noir，Willamette Valley
美国，俄勒冈
14% ABV $$ R

感恩节款待客人

桑蒂奇是加利福尼亚的一些大公司（包括大名鼎鼎的啸鹰赤霞珠的酿造者）的新合作产业，它已经用这个国家最精致和优雅的黑品乐酒在圣巴巴拉打造出自己的声名。

Sandhi Evening Land Tempest Pinot Noir
美国，加利福尼亚，圣巴巴拉
13.5% ABV $$$$ R

为感恩节而举杯

泰亭哲是香槟地区最受尊敬的酒庄，它的香槟伯爵是该地区最著名的葡萄酒之一。但是如果你在寻找一款适合美国风格的香槟酒，在加利福尼亚也有该公司的存在，用合适的秋天果实酿出这款清凉优雅的起泡酒。

Domaine Carneros by Taittinger，Brut Vintage
美国，加利福尼亚
12% ABV $$$ SpW

搭配南瓜饼

对于感恩节传统而言，南瓜饼是不可或缺的。这款现代的美国经典甜酒用橙花麝香葡萄酿制而成，添加酒精以提高强度，但是仍然保持了明显的果实香气，柑橘和桃子气息从杯中喷薄而出。

Quady Essensia Orange Muscat
美国，加利福尼亚，中央谷
15% ABV $$ SW

在家里招待同事

任何一个机构的成功，国有的或私人的，大型的或小型的，依赖的都是团队的合作。彼此的弱点和优点相互补充，机智的创造和迟钝的勤勉相结合，鲁莽精明的年轻人和智慧年长的外交官互作。将团队中不同特点的成员结合到一起就是今晚的目的，所以你或许会想要选择能够体现整体并不是部分的简单相加这一概念的葡萄酒。这些是混合酒的经典，混合也是葡萄酒酿制中的重要技巧，尤其是在葡萄酒制造商选择将两种或者更多的葡萄混合到一起的时候。例如，在波尔多的经典红酒中，饱满的美乐将新鲜补充到赤霞珠的强健中；在传统的南部罗讷混合酒中，西拉的香味和香气混合了歌海娜的甜水果味和慕合怀特的力道。也有经典的白葡萄混合酒，例如被争相模仿的波尔多的配方：赛美蓉为芳香诱人的长相思增添了重量感和酒体，或者用红葡萄品种黑品乐和莫尼耶品乐的白汁混合香槟的霞多丽。就像同事间的合理搭配一样，葡萄酒的混合是一个无法精确衡量的化学反应，发生在合适的地方，合适的时间，感觉上更像是点金之术。

“从葡萄酒开始，友谊产生了。”

——约翰·盖伊

ALVARO CASTRO AND DIRK NIEPOORT DADO

产地：葡萄牙
风格：饱满，辛辣的红酒
葡萄品种：混合
价格：$$$$
ABV：14%

这是一款将混合的理念发挥到极致的葡萄酒，来自葡萄牙的可口佳酿出自两位本土顶级葡萄酒制造商：杜奥地区的酿酒大师阿尔瓦罗·卡斯特罗，和杜罗河地区一个天赋极佳却从不循规蹈矩的大师德·尼伯特。就像其名称“Dado”所显示的，这款葡萄酒所用的葡萄来自这对最佳拍档大师的葡萄园，历史悠久，种植了当地的各类葡萄品种。这说明这是一款园地混合酒，采用所有葡萄一起收获、一起酿造的酿酒方式。这在现代葡萄酒酿制工艺中并不常见，由于每种葡萄的成熟时间不同，所以通常生产者们更倾向于将葡萄分别进行收获和酿制。但是，在优秀的葡萄园和熟练的酿酒师手里，园地混合能够带来层次感，诞生厚重、香料味浓烈的红酒，充满悬钩子的味道，单宁结构明显，清新的酸度提升了酒的品质。

配餐：在餐饮中与混合酒呼应的就是单锅炖菜。在葡萄牙，习惯将香料丰富而温和的山羊肉或者羊羔肉，用大蒜、红辣椒、洋葱和红酒来进行烹调，用不用酱都可以。

一款经济型波尔多混合酒

在圣埃米利永，美乐是混合酒中比较重要的成分。在这款酒中，赤霞珠或/和品丽珠的比例因年份不同而发生变化。这是一款由当地最受尊敬的酿酒师酿制的葡萄酒，有着浓郁的新鲜黑色水果风味，质地厚重，价格合理。

Christian Moueix St.-Emilion
法国，波尔多
13% ABV $$ R

一款经典的罗讷混合红酒

在罗讷北部，西拉用来单独酿酒；而在南部则习惯将它与歌海娜以及慕合怀特相结合，有时也会混合少量的其他葡萄。在这款来自拉斯多村庄的厚实、爽脆的酒品中，歌海娜扮演了重要角色。

Domaine des Coteaux des Travers Réserve Rasteau
法国，罗讷
13.5% ABV $$ R

伙伴们的混合白酒

尽管这款酒中混合有霞多利，但它很大程度上是受罗讷的白酒激发，还加入了马尔萨纳和胡娜（以及少许维欧尼），将药草、黄杏和其他热带水果的风味完美融合。

McHenry Hohnen 3 Amigos White
澳大利亚西部
13.5% ABV $$ W

一款优秀的南非混合白酒

南非酿酒商生产出一些引人注目的混合白酒，通常特征是以老藤白诗南为关键成分。这款创新的埃本·莎蒂旗舰白酒加入白歌海娜、克莱雷特、维欧尼和霞多利，是一款出色、浓厚，带有异国风味的白葡萄酒，一款为同事聚会准备的葡萄酒。

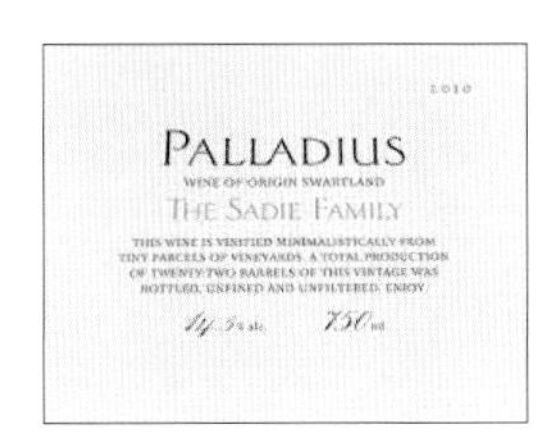

Sadie Family Wines Palladius
南非，黑地
14% ABV $$$$ W

70 选举之夜

在选举之夜，我们属于自己的派别。这就像一场有着超出战利品或者地区荣耀意义的比赛进行到了关键的时刻。除非你是一个选举学家或者统计学爱好者，否则，面对那些图表、图形、民意调查和预测，这注定是一个漫长的夜晚。你不得不在网络电视里政治新闻的轰炸下度过更多的时间。为了让整个过程更有生气，你可以试着来一场饮酒游戏。你需要两种葡萄酒分别代表两个政治联盟。既然每个联盟的政治活动一定程度上依赖宣扬的陈词滥调，也用类似的方式处理葡萄酒。每一次左边有收获的时候，你倒一杯勃艮第酒——一个通常由葡萄种植者拥有和运营的区域；当右边获胜的时候，转而倒一杯波尔多酒，这是一个更加集体化的世界，在那里酒庄更有可能由金融家和奢侈品公司拥有。如果你在最终结果出来的时候仍然保持清醒，打开香槟。你选择的品牌（种植者自己的出品或者大品牌）和理由（怜悯或者庆祝）将同样取决于你的政治派别。

“思考并不代表同意或不同意。这是选举。”

——罗伯特·弗罗斯特

THYMIOPOULOS EARTH AND SKY

产地：希腊，马其顿，纳乌萨
风格：强劲的红酒
葡萄品种：黑喜诺
价格：$$$
ABV：14.5%

在这个夜晚真正开始之前，在选举投票和党派接管到来之前，试着保持中立，比如不太考虑风味：一款来自民主之乡的葡萄酒。在遍布全球的商店中，希腊葡萄酒并不多，但希腊却有一些你在其他任何地方都不可能找到的上好原料，例如黑喜诺葡萄。这种来自年轻的印第安葡萄酒制造商阿波斯托洛斯·萨米奥普洛斯的手笔用老藤葡萄酿制（他同时用新藤葡萄酿制一款更便宜、更轻盈的葡萄酒，如果你不能找到这款酒的话）。这是一款带有爆炸性芳香、结构浓密的酒，樱桃和黑紫色水果风味引起无限遐思。

配餐：烤羊肉串——将羊羔肉浸泡到配有柠檬、牛至、薄荷和大蒜的卤汁中，搭配酸奶黄瓜皮塔面包（一种有酸奶酪、黄瓜和薄荷馅料的食物）。

左边的选择

自从继承小型家庭式酒庄，帕斯卡·罗布莱一直很努力地尝试提高波马特和沃尔奈村庄的葡萄质量。这一异常优质、透明的黑品乐酒来自并不出名的蒙泰利耶村庄，有着罗布莱葡萄酒的典型芳香，价格也易接受。

Domaine Roblet-Monnot Monthélie
法国，勃艮第
13% ABV $$$ R

右边的选择

这个合资产业一直颇有争议，自从被大商家杜尔特接手后，贝尔格雷夫酒庄已经有了很大的提高。它被官方归类于法国波尔多葡萄园级别，相对来说，价格也可接受，一款经典的雪松和黑醋栗风味葡萄酒。

Château Belgrave, Haut-Médoc
法国，波尔多
13.5% ABV $$$ R

为左边庆祝

贝莱彻是香槟地区迅速成长的农民起泡酒生产商的代表之一，葡萄酒是由葡萄种植者酿制，他们曾经是将他们的葡萄卖给那些大的公司。他们生产的非年份酒像饼干一样丰富醇厚，是原汁原味的精粹产品。

Champagne Bérèche & Fils Brut
法国，香槟
12% ABV $$$ SpW

为右边庆祝

和很多顶级的香槟商标一样，克鲁格现在由路易威登奢侈品集团拥有，但是在移交过程中却一点也没失去它的魅力。质地上全方位的结合，丝般柔滑的奶油冻质感，富有异域风情的水果味，和令人震惊的酸度，极好地证明了它的高价格的合理性。

Champagne Krug Grande Cuvée
法国，香槟
12% ABV $$$$$ SpW

71 光明节

九支灯台，或者说犹太宗教仪式所用的烛台（menorah），也许是这个历时八天的节日里主要的灯光装饰品；但是与其他节日一样，在这个节日里食物同样起着重要的作用。大部分食物为油炸烹饪，象征意义和餐饮目的基本同等，使人回忆起光明节的故事里最初关于油的奇迹：当马加比家族将它从古叙利亚人手里夺回来之后，只够燃点一天的油在耶路撒冷的圣殿里燃烧了八天。食物的主要原料包括土豆、洋葱和作为土豆烙饼而被熟知的犹太逾越节薄饼，配以苹果酱、酸奶油和小甜甜圈（sufganiot），撒上糖末，有时还会用果冻填充。乳制品，特别是奶酪，也是普通的供应，受朱迪斯的故事启发，这位犹太女英雄在马加比家族附近庆祝光明节时，在给一名前来骚扰的叙利亚士兵致命一剑之前，用奶酪和葡萄酒安抚了他。此外，还有比光明节本身更多的传统值得犹太人享受：炖熟的或者慢烤的牛腩，烤蔬菜根，椒盐脆饼干……那么葡萄酒呢？严格循规蹈矩的犹太人将会找出符合犹太教教规的葡萄酒（见下页），如今这些葡萄酒全球范围内都有生产，也会有人寻找更深层次的圣地葡萄酒。但是在一个通常轻松随意的家庭场合，许多人会用通用葡萄酒去搭配菜肴。

“光明节是光的节日。代替了白天的出现，我们有八个疯狂的夜晚。”

——亚当·桑德勒
《光明节之歌》

CHÂTEAU VALANDRAUD KOSHER WINE

产地：法国，波尔多，圣埃米利永
风格：强劲的红酒
葡萄品种：混合
价格：$$$$$
ABV：13.5%

符合犹太教教规的葡萄酒始终没能享有质量上的高声望，它们一直都和过甜、过黏、低质的圣礼红葡萄酒密切联系，在美国市场一直受更著名的品牌打压。问题的一部分是通常酿制过程中它们被煮过了——通过杀菌（巴氏消毒）让它们能够被非犹太教的人接受。直到最近，这些葡萄酒仍然采用煮的方式，破坏了它们的可口风味。但是近年来问题已经得到了很好的解决，这种解决方式被认为破坏力更低。同时现在许多严肃认真的生产商会生产符合犹太教教规的葡萄酒。对非犹太人生产商，这可不是一个容易的事业，因为犹太法律要求生产过程中，葡萄和葡萄酒的处理必须只能由严格遵守传统的犹太教徒来完成。对于这一款葡萄酒而言，需要征募拉比去处理那些由知名的主要葡萄酒制造商指导、从指定葡萄藤上生长出的葡萄。我还没品尝过那些符合犹太教教规的葡萄酒，但是我曾在某一场合下尝试过那些强调可以媲美非犹太教教规的葡萄酒，确实是一款奢华、漆黑、稠密、厚重的红酒。

配餐：在光明节时，这是一款可以和牛腩或者其他烧红肉类食品一起搭配的酒。

符合犹太教规的加利福尼亚酒

赫尔佐格男爵酒庄是由一个二战后来到美国的斯洛伐克犹太家庭建立的，出产一系列酿造良好，范围广泛，价格合理且符合犹太教教规的葡萄酒。这款半干白诗南酒，其中的苹果和热带水果风味以及微妙的甜味是光明节时的多面手。

Baron Herzog Chenin Blanc, Clarksburg
美国，加利福尼亚
14% ABV $ W

符合犹太教规的以色列白酒

以色列的葡萄酒酿造场面充满生气，在那里许多葡萄酒都是符合犹太教教规的（当然并不是所有的都是）。它们很难在以色列之外被发现，但是这款受勃艮第酒启发和符合犹太教教规的木桶发酵型霞多丽酒是一款珍贵的高档商品，可以作为光明节餐桌上的候选。

Domaine du Castel C Blanc du Castel
以色列
13% ABV $$$ W

配土豆烙饼的起泡酒

上好的香槟酒净爽新鲜，其中的气泡有利于给土豆烙饼之类的油炸食物解腻，同时它也能很好地与烟熏的鲑鱼这一光明节食物相配。这款酒很是得心应手，在符合犹太教规中的瓶装酒里广受欢迎。

Champagne Heidsieck & Co. Monopole Brut NV
法国，香槟
12% ABV $$ SpW

为甜甜圈准备的葡萄酒

和甜甜圈一样的清淡柔和，同时有着与甜甜圈类似的芳香。这款符合犹太教规的起泡白酒由意大利生产，花香和新鲜葡萄的香气充满诱惑，有着足够的酸度去保证与其甜度的平衡。

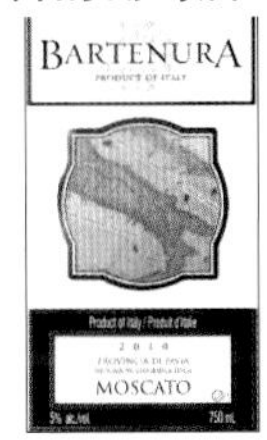

Bartenura Moscato
意大利，阿斯蒂
5.5% ABV $ SpW

72 在素食餐厅

如果餐馆老板突出显示有机海盐，那么这家素食餐厅或者严守素食主义餐厅里的葡萄酒清单将会和传统餐厅一样五花八门。当然，从食物搭配的观点来看，酒单确实需要丰富一些，因为与包含肉类的菜肴相比，素食菜肴的风味并不单调多少。比如说，在选择葡萄酒时，与以土豆为主的菜肴搭配相适的（基安蒂酒看起来获得了成功）未必与蘑菇为主的菜肴相配（黑品乐酒）。事实上，如果菜肴里有一些动物蛋白也是这个情况：大体上，是酱，或者是菜肴里散发出最强烈风味的，那将告诉你用什么样的葡萄酒来搭配。在素食餐厅里可能会感觉葡萄酒的选择受到限制，应该考虑那些葡萄酒是否本就符合素食主义。这个观念听起来很荒唐，但是对于严格的素食主义者来说这是一个重要因素，他们希望阻止一些动物性食物出现在他们的饮食当中。许多葡萄酒生产商用蛋清（蛋白）、明胶（鱼泡），或者胶制品在装瓶前作为一种净化产品的材料。（公牛的血，过去用来达到同样的目的，不过很长时间以来让人好感降低。）大多数素食餐厅只储存那些用以上材料的替代品酿制的葡萄酒。如果你在家里享用的话，下一页的清单里百分百的都是素食主义葡萄酒。

“动物是我的朋友，我当然不会吃我的朋友。”

——乔治·萧伯纳

BONTERRA CHARDONNAY

产地：美国，加利福尼亚，门多西诺
风格：干白酒
葡萄品种：霞多利
价格：$$
ABV：13.5%

在有机和素食运动两者之间总是有一些交叉，所以这并不奇怪，美国最大和最卓越的典型有机和生物动力学的葡萄酒生产商也生产没有动物产品参与的葡萄酒。这款经典醇厚，葡萄经充分阳光照射，木桶陈年的霞多丽酒带有各种各样的热带水果风味，有着醇厚的奶油质地。这种丰富、欢乐的品质反驳了反对分子们认为任何贴上素食主义标签的必定无趣和简朴这一观点。

配餐：坚果和异国水果风味及其酒体，能够和以干果（杏，大枣），肉桂，小茴香，香菜和杏仁为标志的摩洛哥蒸粗麦粉食物搭配得很好。

素食主义者的开胃酒

在起泡酒中注入梨、苹果和柑橘属水果的香气并不会减少其风味，尽管其质地清淡柔和。这同时也是一款有机葡萄酒，可很好地配餐素食，轻微的甜度使之可搭配水果冰沙。

La Jara Prosecco Spumante Extra Dry
意大利，威尼托
11% ABV $$ SpW

搭配素食炖汤菜

这款酒来自另外一个位于法国南部罗讷谷的生物动力学生产商。这款混合红葡萄酒结构结实，有一点咸肉的风味，虽然如此仍然适合素食主义者。其中的橄榄、迷迭香和黑色水果的味道，能够和丰富的蔬菜，如豆类，以及橄榄砂锅菜搭配得很好。

Montirius Le Clos Vacqueyras
法国，罗讷
14.5% ABV $$ R

搭配越南沙拉

维欧尼，曾经仅在罗讷谷发现的珍贵品种，在近十年已经迅速扩展到全世界的葡萄酒酿造国家。由家族拥有的御兰堡酒庄已经成为这个品种的专家，它在这瓶素食主义型的葡萄酒中展现的令人兴奋的金银花和杏子的香味达到极致。

Yalumba Y Series Viognier
澳大利亚，伊顿谷
13% ABV $$ W

搭配以蘑菇为主料的菜肴

一款简单但却令人愉快的黑品乐酒，带有新鲜的草莓和覆盆子味，略微的泥土风味和蔓越橘酸度，很好地呼应蘑菇滑爽的质地和风味。

Maison Roche de Bellene Bourgogne Pinot Noir Vieilles Vignes
法国，勃艮第
12% ABV $ R

73 招待保守党派客人

“我在想”，你的共和党客人在差不多爬出他的SUV，点燃他的雪茄之前说出这样的话：“我们不会再听到上次听到的法国人的那些废话吧？”你挤出笑容，向他，不，向自己保证：不会了。但并不因此你就同意他“某种程度上，我们比他们做得更好”的观点（无论如何并不是总是这样）。只是你再不能重温同样的陈旧而沉闷的讨论，那些一再的关于伊拉克、希拉克和背叛的话题，或者听到他拿法国与喜欢某种发出恶臭的奶制品和特殊形式的“军事策略”的类人猿进行对比，他在说这些的时候似乎已经想好了代表的标志。不，这次你已经做了更好的准备：没有法国葡萄酒——事实上，根本没有“Yurpean”。你选择的是本土物产，法式炸薯条的葡萄酒等价物：从美国A级的上好葡萄酒里做出的选择。好吧，这还差不多。你们会忍不住讨论这样一个情况：一款标明由华盛顿州生产的葡萄酒，却是由一个法国人酿制的。

“所谓进步就是不断犯错；而保守就是阻止对错误的改正。”

—— G. K.切斯特顿

JOSEPH SWAN VINEYARDS MANCINI RANCH ZINFANDEL

产地：美国，加利福尼亚，索诺玛，俄罗斯河谷
风格：干型红酒
葡萄品种：增芳德
价格：$$$
ABV：13.5%

如果从某一立场看，增芳德似乎体现了共和党全部的世界观基础，即美国梦：移民来到这个国家，并彻底改造了自己，在这个过程中变成一个全美成功的故事。它最让人熟悉的特点是强劲、蓝莓果浆风格，约瑟夫·斯万的出品优雅胜过劲道，有着李子皮的味道，并且像黑品乐般有着柔滑的质地和红色水果风味。

配餐：鸭肉。或者你那爱好枪支、喜欢狩猎和钓鱼的客人在这个场合之前已经宰杀并将战利品带来了。

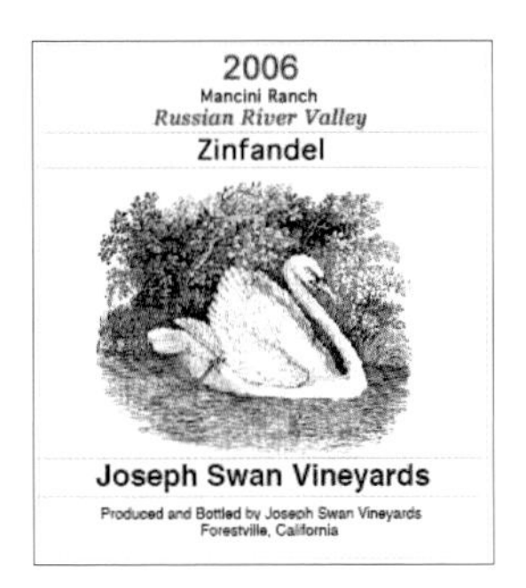

来自纽约

美国纽约州的手指湖地区与德国摩泽尔相对应，凉爽的气候非常适合耐寒的雷司令葡萄生长，这里生长出的葡萄有一种惊人的冷酷和能量，成酒带有植物的芳香，酸橙以及核果的味道。

Hermann J. Wiemer
Dry Riesling Reserve
美国，纽约州，手指湖
12% ABV $$ W

来自弗吉尼亚

自从英国人到来后，葡萄酒已经在弗吉尼亚有400多年的生产历史了。著名的托马斯·杰弗逊也尝试过在这里酿制葡萄酒，但最终失败了。今天，这里以芳香馥郁的维欧尼酒和水果味为主导的品丽珠酒而闻名，譬如这款酒，带有品丽珠的标志性花香味和纯净的、优雅的黑色水果风味。

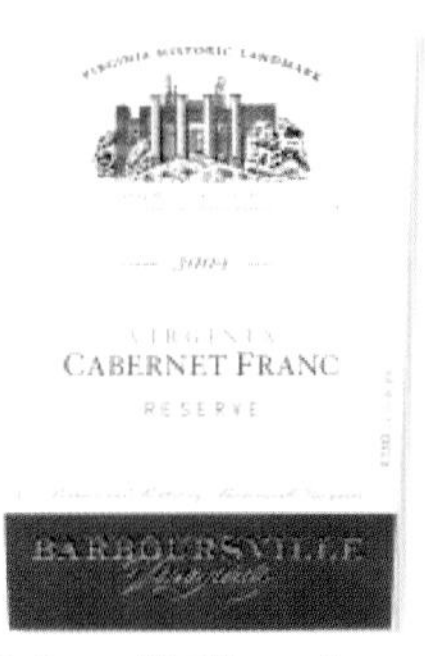

Barboursville Vineyards
Cabernet Franc Reserve
美国，弗吉尼亚州
14.5% ABV $$ R

来自俄勒冈

俄勒冈州的葡萄酒市场有可供嬉皮的选择（生物动力学方式在这里很普遍），那也许不会对你的客人有吸引力。这款并不显眼的典雅型、家庭运营式的伯格斯特隆霞多丽酒和黑品乐酒跨越了政治的分水岭：绸缎般柔滑而甜蜜的“旧石”酒像一位温文尔雅的外交家。

Bergström Old Stones Chardonnay
美国，俄勒冈州，威拉米特谷
12.9% ABV $$$$ W

华盛顿拉泰特酒庄

法国人克里斯朵夫男爵在华盛顿州的瓦拉瓦拉谷建立产业，那里多石的土壤像教皇新堡葡萄园的幸运魔石鹅卵石土壤一样。他在克罗克斯葡萄园种植西拉葡萄，酿出带有香料、肉类、橄榄、焦油和黑色水果味的葡萄酒，在风格和质量上与最好的罗讷酒类似。

Cayuse Vineyards
Cailloux Vineyard Syrah
美国，华盛顿州，瓦拉瓦拉谷
14.5% ABV $$$$$ R

74 50岁生日

表面上看，当我们的50岁生日快到来的时候，我们大多数人都会感觉舒适惬意。我们知道自己是谁，向自己的优点和缺点达成妥协，并且已经不需要再向这个世界证明任何事情。这是生命的全盛时期，一个我们能回顾许多成就的时期，甚至我们仍然在不断地实现愿望，并且梦想更多。毫无疑问的是，我们的品味在这些年已经发生了改变：在电影、音乐和艺术方面，我们不再那么轻易地受喧闹或花哨所影响；我们变得更加容易被瞬间激怒，因为太过渴望而难以欢乐，我们能觉察到微妙的表情、阴影和微妙的体验。在葡萄酒上，我们会发现在法国东部勃艮第红酒之间的亲密关系。由多变的葡萄品种（黑品乐）酿制，这里的产地气候并不是一直适合黑品乐的生长，对于生产者和消费者双方来说，勃艮第红酒是需要耐心、技巧和坚持不懈的精神的葡萄酒。寻找的过程是值得的。它对那些愿意聆听的人轻言细语，没有其他的葡萄酒能像勃艮第红酒那样提供如此优雅平衡，如丝般柔滑的享受。

“在这个世界上做你自己，不断地让你自己与众不同，这就是最伟大的成就。”

——拉尔夫·瓦尔多·爱默生

DOMAINE DU COMTE ARMAND VOLNAY

产地：法国，勃艮第
风格：典雅的红酒
葡萄品种：黑品乐
价格：$$$
ABV：13%

这款葡萄酒来自沃尔奈村庄，在勃艮第葡萄酒官方的复杂质量等级中大概处于半当中，它与那些在顶级葡萄园生产的少数顶级葡萄酒并不一样，是用该地区到处都有的低端葡萄酿制的，简单地贴上“勃艮第”的标签。品质不赖：柔顺、多汁而和谐，伴随着黑品乐轻盈的红色水果味和微妙的泥土味。

配餐：和所有经典的欧洲葡萄酒一样，勃艮第酒和当地的饮食文化一起发展。经典菜肴，如布雷斯鸡（在当地能发现的最好的散养鸡），以及野生蘑菇能够和这款葡萄酒相得益彰。

经济型选择

经济型勃艮第红酒几乎是矛盾结合体：正牌葡萄酒的价格趋向于上涨，而其他没那么知名的地区则价格不变。但是这款精致、带有花香，十分优质的红葡萄酒表明，在该地区也可以找到负担得起的红酒。

Domaine Hudelot-Noëllat
Bourgogne Rouge
法国，勃艮第
13% ABV $$ R

不惜重金的选择

在勃艮第还有比格里沃酒庄更有名气的酒庄，但是没有一个能够做出比他更好，更有感觉，或者更加让人兴奋的葡萄酒。来自宏伟的顶级葡萄园（里什堡）的葡萄酒，会激发出你的诗意：清澈、流畅、晶莹、飘逸。

Domaine Jean Grivot
Richebourg Grand Cru
法国，勃艮第
13% ABV $$$$$ R

一款特别的南方品乐酒

在家乡勃艮第之外，新西兰比世界上任何一个地方都更加适合黑品乐的生长，它能酿出轻奢、具明快果味、丝滑迷人的葡萄酒，例如这款葡萄酒就来自这个国家的品乐葡萄专业生产地区——中奥塔哥。

Rippon Vineyard
Mature Vine Pinot Noir
新西兰，中奥塔哥
14% ABV $$$ R

不太强劲的葡萄酒

夏布利远在勃艮第北部，离香槟地区更近一些，这里的白酒分享了著名起泡酒的清新，和吃牡蛎时爽快冷酷的感觉一样。

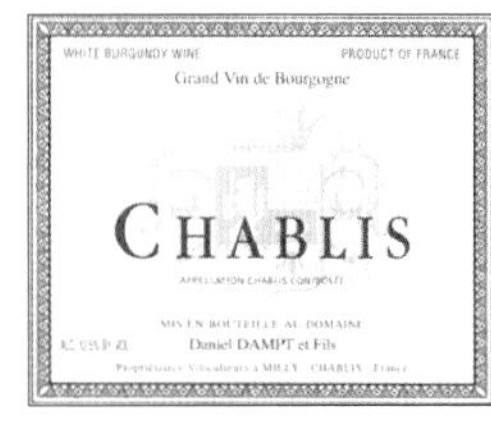

Daniel Dampt Chablis
法国，勃艮第
12.5% ABV $$ W

优质的勃艮第年份红酒

勃艮第地区气候凉爽，天气状况每一年都极其多变，所以每一个年份酒都有明显不同的特点。比较知名的勃艮第红酒年份是：2010，2009，2005，2002，1999，1996，1995，1990，1989，1988，1985，1978，1971，1969，1964，1959，1957，1952，1949，1947和1945。

招待葡萄酒“假内行”

在人们的脑海里，任何一个对葡萄酒表现超过短暂兴趣的人，显然是葡萄酒“假内行”。但是让我们暂时无视那些冷嘲热讽、令人扫兴的人，全神贯注去区分真正的葡萄酒行家。那些真正热爱葡萄酒的人和那些根本不懂葡萄酒的人有着明显的区别。“假内行”喜欢通过他们对葡萄酒的选择显示他们的优越感（社会、经济，或者智力方面）。他们只买著名葡萄酒评论家给予95分或以上的酒；他们摒弃世界上任何非传统的葡萄酒产区的产品；他们吸收了华丽的辞藻，但在谈论葡萄酒的时候，却依然没有文化。为了他们，也为了你，这种势利状态需要得到改变，为了实现这个目的，你可以采取“盲品”的方式，让他们尝尝那些并不十分著名的产区生产的葡萄酒，这些酒的味道其实和其他酒不相上下。如果你的客人喜欢波尔多酒，你可以挑选出可以代表卓越的经典波尔多混合酒（赤霞珠、美乐和一些其他品种）风格、来自美国加利福尼亚、华盛顿，或者智利，意大利托斯卡纳的酒。如果他们只喝勃艮第酒，尝试选择来自新西兰或者美国俄勒冈的黑品乐酒，或者来自澳大利亚维多利亚、阿德莱德山的霞多丽酒。他们冒充内行不会太久了。

“这是一个幼稚的本地的勃艮第人，没有受过任何教育，但是我认为你将会被他的傲慢逗乐。”

——詹姆斯·瑟伯

CHÂTEAU TOUR DES GENDRES LA GLOIRE DE MON PÈRE

产地：法国，贝尔热拉克
风格：中等酒体的红酒
葡萄品种：混合
价格：$$
ABV：13.5%

波尔多酒是那些“假内行”的习惯性选择。该地区的顶级葡萄酒就像瑞士手表或者高级女式时装品牌一样成为社会地位象征。然而，在风味方面，如果不考虑标志，你能够从附近的法国西南部贝尔热拉克地区发现一些非常类似的东西，在那里一些不那么著名的地方，葡萄酒制造商用同样的葡萄品种和技术酿制葡萄酒。其中的雪茄盒和黑醋栗味，以及精纯的质地，都使得这款混合酒和那些贵很多倍的波尔多酒非常相像。

配餐：经典的法国肉类菜肴，例如洋葱马铃薯炖羊肉；用蔬菜和葡萄酒慢慢烹煮的羊肩肉。

美国的勃艮第红酒

对于顽固不化的“假内行”，勃艮第酒得分超过波尔多酒，虽然它们的价格都是一样高，但是勃艮第精致酒的数量要少得多。然而，俄勒冈州已经证明它可以用同样的红葡萄品种黑品乐，酿制出同样优质的葡萄酒，有着极纯净的红色水果香气和微妙的泥土味。

Eyrie Pinot Noir
美国，俄勒冈
13.5% ABV $$$ R

新西兰的勃艮第白酒

极为高雅，带有几分坚硬（想起打火机打着时的味道）和层层的果园水果味，生动的酸度，悠长、清晰的尾韵。这是一款极好的霞多丽酒，你的客人肯定会感觉他品尝到的是一瓶来自勃艮第的著名科多尔葡萄酒。

Kumeu River Estate Chardonnay
新西兰，奥克兰
14% ABV $$$ W

并非桑塞尔酒

“假内行”喜欢的长相思酒要来自它的家乡，即法国的卢瓦尔谷的桑塞尔和普伊-芙美。但是如今长相思酒以高标准在全世界生产，没有其他地方的出产比南非的更好。产自开普半岛的葡萄园，这是一款丰醇、圆润的酒，混合了接骨木、热带柑橘属水果和矿物质味。

Cape Point Vineyards Stonehaven Sauvignon Blanc
南非
13% ABV $$ W

非日耳曼人的雷司令酒

开普的另外一款明星酒。假内行通常会说，良好的餐后甜酒只有德国和奥地利的顶级品牌。这款酒就是对此的有力驳击：异常甜美出色，酸橙般的新鲜度让它完全没有让人厌烦的感觉。

Paul Cluver Noble Late Harvest Riesling,
南非，埃尔金
10.5% ABV $$ SW

76 重温婚誓

一对夫妻重温结婚誓言大概有三种原因。第一个也是最理想的，来自于将自豪分享的心情，想确定如今这段婚姻是否和他们当初刚走到一起时那样牢靠，以及一种告诉全世界的欲望。也许第二个原因依然浪漫，同时也包含着坚定和忠诚，生活中总有些不满和遗憾，婚姻本身并没有像期待的那样浪漫，所以他们重温婚誓，在几十年过去后，此刻没有恶劣的天气，疾病或繁琐的干扰。第三个原因或许是所有当中最引人注目的原因，也是更普通的原因，并伴随着比尔东/泰勒风格的浪漫。这是坚持到最后的尝试，给暴风雨即将来临的关系带来冷静，给因为一件纷扰事或者背叛带来的伤口缠上绷带，给糟糕的现实带来点希望和信任。虽然动机可能各有不同，庆祝的实质是一样的：掌控你的生活和不让事情改变，关于展望未来而不是回顾过去。你选择的葡萄酒的时间、区域，或者国家这些已经表明了精神象征，面对最困难的胜率，以及修复的能力。

“她封住他的嘴唇，给了一个放肆的吻：‘我原谅你违背了向上天发过的誓言，我依然期待你能对我坚守你的婚誓。’”

——马修·格雷戈里·路易斯《僧侣》

EBNER-EBENAUER GRÜNER VELTLINER

产地：奥地利，温维特尔
葡萄品种：绿维特利纳
价格：$$
ABV：13%

从很多方面来看，对于重新开始的一次庆祝而言，这款十分精彩的干白酒是一个恰当的选择，尤其是这款酒实际上是由一个“夫妻档”的团队酿造的（马里恩·埃布内和曼弗雷德·埃比努尔）。它来自奥地利，这个国家通过它最好的葡萄酒制造商绝对的坚持和才能，在20世纪80年代葡萄酒掺假的丑闻在世界范围内打击和摧毁了输出额之后已经克服各种困难。这款葡萄酒本身的风格也很合适：充满春天般的情趣，春天是复苏的季节，就像它生气勃勃的酸度和绿色草本的芳香，以及果园水果风味和微妙的白胡椒和盐味。

配餐：与重温晚宴上享用的贝壳类水产品开胃食品搭配较为理想——蛤意大利扁面条，蟹肉沙拉，或者小龙虾。

德国酒的复兴

德国葡萄酒仍然在尝试从20世纪70～80年代大量炮制的普通莱茵白葡萄酒对其名声的破坏中恢复过来。莱茵黑森是这些酒的主要来源，但是年轻的葡萄酒制造商，例如斯蒂芬·温特，已经做了大量的尝试，用充满乐趣、原汁原味、矿物质味的干白葡萄酒去挑战该地区葡萄酒只是甜水的陈词滥调。

Winter Estate Riesling QbA
德国，莱茵黑森
12% ABV $$ W

回复状态的起泡酒

这款酒的名字和标签在葡萄酒世界最耳熟能详，玛姆红带桃红香槟在由跨国公司施格兰和联合道麦克公司所有的时候有一段时期不景气，但是自从21世纪初被保乐力加公司掌管后，如今又回到了优雅而精致的状态。这是一款为了向未来干杯而酿制的葡萄酒。

Champagne GH Mumm Cordon Rouge Brut NV
法国，香槟
12.5% ABV $$ SpW

天气的改变

正像天气的改变能够改变我们的情绪，也使得我们改变对待他人的态度，有时一个好的葡萄收获期便能够改变我们对一个区域葡萄酒的认知。对博若莱红酒而言，2009年便有这样的作用，它告诉饮酒者们，除了新酒之外，该地区有更多像这款葡萄酒一样充满魅力的红色水果风味葡萄酒。

Domaine Jean-Paul Dubost Beaujolais-Villages Tracot
法国，博若莱
12.5% ABV $$ R

起死回生

极少地区会有像加泰罗尼亚的普里奥拉托这样相当显著的命运转变，直到20世纪80年代，它还几乎被遗忘和抛弃在西班牙的角落，直到无畏的生产商开始通过这款粗犷、强劲且带有矿物质味的葡萄酒来吸引全世界的注意力，继而达到了疯狂的价格。这款酒能够完美搭配重温晚宴上的红肉。

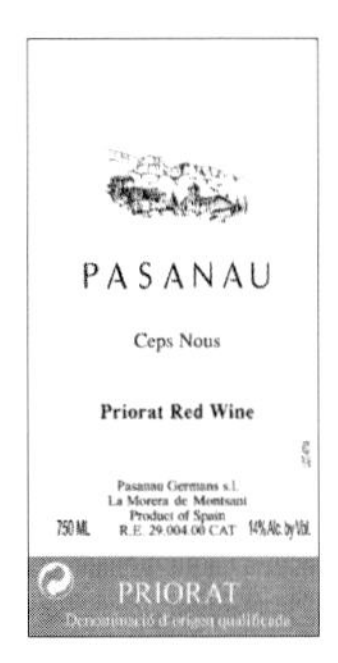

Cellar Pasanau Ceps Nou
西班牙，普里奥拉托
14% ABV $$$ R

77 冬日

在二月的下旬也可以不是这样的感觉，身体渴求阳光和温暖，食橱里储存的维生素D已经没有了；冬天也可以一样浪漫。就像加拿大随笔作家亚当·格普尼克在他的《冬季》里说的那样，这个季节，有着它自己特殊的美和魅力，消减的朴素和纯净给了我们想象和梦想的空间。没有冬天，格普尼克写道，“我们的生活将会没有层次或锐度，就像一架没有黑键的钢琴。”同样，没有冬天，我们将不会有回到温暖家里的那种乐趣，比如摆脱厚外套，甩掉靴子，喧闹的火堆旁红润的面颊，捧着一本书和一个暖水杯。完美的冬日葡萄酒有这着两个方面的诱惑。来自意大利西北部皮埃蒙特的内比奥罗酒是一款强劲的葡萄酒，它的酒精度数通常超过14%，单宁如砂纸般粗糙，味道像涂了焦油一样的；这是一款能够赶走寒冷的葡萄酒，能够让你感到舒适。因为它的结构和能量，实现美梦：酸度和香气慑人，这是一些神奇的北方酿酒厂的特殊魅力，有着玫瑰和红色水果、蘑菇和森林地面的气味。随着陈年岁月的增长，这种最好的葡萄酒带上轻盈的优雅，就像舒伯特的“冬之旅”液态版，淡弱的冬日阳光下雪地的样子。

“温暖在夏天一无是处，只有冬天的寒冷，才能体现出温暖的美妙。”

——约翰·斯坦贝克

PRODUTTORI DEL BARBARESCO

产地：意大利，皮埃蒙特
风格：强劲的红酒
葡萄品种：内比奥罗
价格：$$$
ABV：14%

内比奥罗葡萄在皮埃蒙特两个著名产区巴巴莱斯科和巴罗洛地区达到了它的最佳状态。高评价把它们推到了新的高度，价格也随之上涨。有的生产商酿制的巴巴莱斯科酒有着优雅的植物风味和焦油味，醇厚，同时价格合理。做到这点的是当地的种植者合作社Produttori del Barbaresco，他们的酒质地亲和，单宁精细。

配餐：当地的意大利面食tajarin，新鲜的蛋黄面，外形介于意大利式细面条和意大利干面条之间，搭配黄油和白松露，或者浓郁的肉酱。

经济型选择

如果巴巴莱斯科酒和巴罗洛酒超出你的预算，那么其他可供选择的或许是来自更广阔的朗格地区的内比奥罗酒。这些酒相对其他更加庄重的葡萄酒来说，是为更年轻的人设计的。在顶级巴罗洛酒生产商G.D.瓦加拉的掌控下，这款酒表现得优质、香气浓郁而令人愉快。

G. D. Vajra Nebbiolo Langhe
意大利，皮埃蒙特
14% ABV $$ R

不惜重金的选择

意大利最有名望的葡萄酒之一，用传统方法酿制，在斯拉夫尼亚橡木酒桶中陈放将近四年，将内比奥罗一些看似矛盾的特质完美结合。强劲、深邃、富有酸度和单宁，同时有着令人难以忘怀、精美、不易消散的芳香和风味。

Giuseppe Mascarello e Figlio Barolo Riserva Monprivato Cà d' Morissio
意大利，皮埃蒙特
14% ABV $$$$$ R

冬季布兰科

冬季比一年里的其他时间更需要白葡萄酒，只要是能够搭配那些我们想吃的丰富食物就好。皮埃蒙特的阿内斯酒质地宽泛，有着果园水果的味道，能够和烤肉搭配得很好：其中潜在的充满生气的矿物质酸起了调适作用。

Cornarea Roero Arneis
意大利，皮埃蒙特
13% ABV $$ W

南方腹地的大口杯

这款葡萄酒是由意大利地图上足跟部种植的普里米蒂沃葡萄酿制，它将南方的阳光带进了冬天的酒杯里：伴随着成熟黑樱桃和李子饱满香气，带上一股欧亚甘草和黑巧克力的苦涩。这是一款深邃、奢华和惬意的葡萄酒。

Paolo Leo Primitivo di Manduria
意大利，普利亚
14.5% ABV $$ R

78 在游轮上

如果花费不那么高，就不必忍受航空公司的臭架子，航空旅行同时失去了它的奇妙和迷人的光泽，航海的诱惑就能够很轻易地被理解了。当你还在为一次三、四个小时的飞行而做一个全身安检的时候，很难体会到那些国际阔佬们的感受；当你被固定在一个廉价的通道座椅上时，很容易忘记对窗外的好奇。相反，游轮可以提供浪漫，即那种与奢侈的远洋航线的黄金时代联系起来的感觉，就像是玛丽女王号或者奥林匹克号。在游轮上，会有旅途和到达同样重要的感觉，生活中的普通规则和节奏被暂停，当我们凝视远方地平线的时候，我们有足够的时间和空间去幻想。或许，我们会联想到千年前就已经出发的旅客：好莱坞黄金时代的电影明星，古代的希腊士兵，阿拉伯的香料贸易商，英国的葡萄酒商人。的确，葡萄酒的历史通过海洋贸易才发展成形，伴随着它这样的一些名字获得了早期成功：波尔多，波特，雪利，马德拉，那是因为它们接近一个主要的港口，或者处在交易路线上。同时它们的葡萄酒能够唤起我们对这浪漫的航海的过去的记忆，以及附加给它的当代荣耀。在今天依然值得把这些酒带上游轮。

> “为何你会热爱大海？那是因为它有强大的能力，让我们思考我们愿意思考的事情。”
>
> ——罗伯特·亨利

TE MATA AWATEA CABERNET MERLOT

产地：新西兰，霍克斯湾
风格：结构感强的红酒
葡萄品种：混合
价格：$$$
ABV：13.5%

这款极为平衡的受波尔多风格启发的红酒与航海有着密切的联系，它以过去生产这款酒的葡萄园命名，由一个和航海贸易相关的家庭拥有，他们以一艘著名的船给它取名：SS爱华特（描述在标签上），这艘船在二战期间改装成运兵舰之前，运营新西兰和悉尼之间的路线。葡萄酒中也有海的影响：从太平洋附近吹过来的冷风使得霍克斯湾温暖的气候相当适宜，给葡萄酒带来浓郁的黑色水果味，精细的单宁，以及新鲜的酸度。

配餐：在太平洋的游轮上，搭配烤新西兰羊羔羊肩肉。

第一站，波尔多

这个恰当却可能引起一点误解的名字是波尔多两海间地区（它翻译为“在两海之间，”其实它真正坐落在加伦河与多尔多涅河之间）。这是一款醇厚而刺激的长相思和赛美蓉混合酒，给波尔多的海洋历史带来荣耀。

Château Mont-Pérat Blanc
法国，波尔多
13% ABV $$ W

运往国外的波特酒

一开始白兰地添加到葡萄牙杜罗河谷的红葡萄酒中，使得它们在暴风雨的大海运往英格兰的旅途中保持足够的恢复能力。尽管生产商直到今天仍然以托运人而闻名，如今酒精的添加完全是为了风格，为这款柔和而甘甜、木桶陈年的葡萄酒带来深度和酒体。

Taylor's Ten Year Old Tawny Port
葡萄牙，杜罗
20% ABV $$$ F

右舷酒的家

只有在葡萄牙杜罗河谷酿制的加强型葡萄酒才被贴上波特酒的标签。安德鲁·库阿迪在加利福尼亚用同样的葡萄制作波特风格的酒（就像这款），有着巧克力和干果风味。

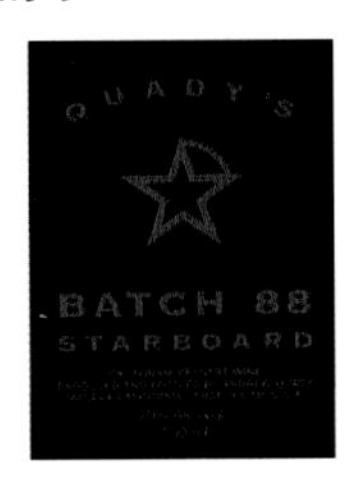

Quady's Batch 88 Starboard
美国，加利福尼亚
20% ABV $$ F

在一艘地中海游轮上

当你在环地中海旅行时，这款酒适合你在甲板上伴随午餐享用或作为暮后小酌。来自克里特岛的精致现代希腊白酒，属于扩散式思维风格，将当地（维拉纳）和世界（长相思）品种结合在一起，形成这款有趣、圆润，橡木桶陈年的白葡萄酒。

Mediterra Anassa White
希腊，克里特岛
13.5% ABV $$ W

60岁生日

我们或许会期待60岁生日是一个安静、温和的怀旧氛围：聚集亲密的朋友和家人，一起开怀畅饮；或出去过上几天宁静的生活。但是事情并不总是这样。大量的有钱人和有权人把这件事作为一种炫耀他们的财富和地位的方式。百仕通集团创始人史蒂夫·施瓦茨曼为了让罗德·斯图尔特开一场私人音乐会去展望他的第七个十年，可能花费了一百万美金；或者英国的零售巨头菲利普·格林爵士请来了克里斯·布朗，罗比·威廉姆斯，海滩男孩和史蒂夫·汪达来提供背景音乐，邀请的客人包括凯特·哈德森、莫斯以及娜奥米·坎贝尔，他们乘坐格林的私人飞机飞到一个靠近墨西哥坎昆市的封闭式度假区，享用80美元每只的肉饼，穿着印有“PG60”字样的统一T恤衫，就像这些超级巨星们正要进行体育比赛一样。我们会在这样明显巨额的花费面前退缩，但我们当中更为宽厚的人们会承认，施瓦茨曼和格林用这种特别的方式发出我们大多数人都认可的信息：你永远不会老到没有力气开派对。你没有亿万富豪的能力邀请那些明星，买一款他们那样的葡萄酒也一样带来欢乐。

“60岁是新的40岁，惟一的区别是经验的水平。”

FRANCIS COPPOLA DIAMOND COLLECTION CABERNET

产地：美国，加利福尼亚
风格：强劲的红酒
葡萄品种：赤霞珠
价格：$$$
ABV：14.5%

许多名人涉足葡萄酒，《现代启示录》和《教父》的伟大导演就是一个对待这个生意很认真的人。看起来，几乎以他电影的花费来投入。他已经着手在加利福尼亚建立一个巨大的商业帝国，其中包括许多不同的分类。在这里他用来自全国的葡萄果实生产这款带有典型的甜水果味、撩人的红葡萄酒，还有着咖啡、香脂和辛辣的橡木味，酒体健壮，出现在大场景中的大酒体葡萄酒。

配餐：风味独特的肉类菜肴，例如搭配橄榄和红葡萄酒烹调的炖牛肉。

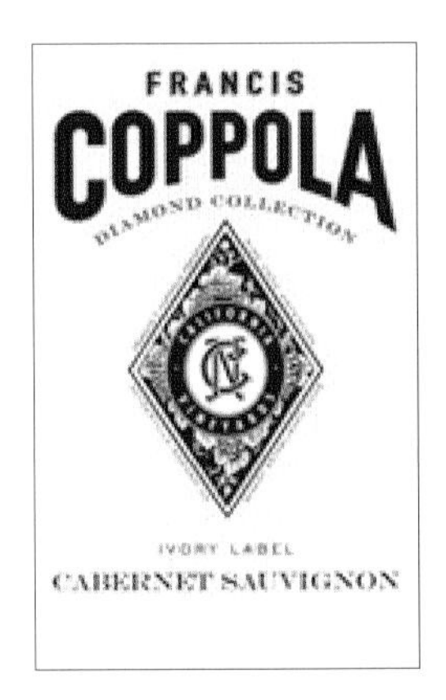

摇滚歌手的酒

英国的摇滚歌手斯廷说服布鲁斯·斯普林斯汀和Lady Gaga，以及其他明星，在他的60岁生日派对上表演。在你的60岁生日派对你可以用上斯廷这款浓郁、丝滑的红酒，来自他在托斯卡纳的生物动力学庄园。

Tenuta il Palagio Sister Moon IGT Toscana
意大利，托斯卡纳
14% ABV $$$$ R

邦德的选酒

这款葡萄酒本身并不是名流酒，但是却与银幕上最持久的角色詹姆斯·邦德有着关联。他在生活中一贯挑剔，因而会选择这款醇厚、圆润，带有法式苹果挞风味的香槟酒。

Champagne Bollinger Special Cuvée Brut NV
法国，香槟
12.5% ABV $$$ SpW

奥塔哥的好莱坞明星

像弗朗西斯·福特·科波拉一样，新西兰男演员萨姆·尼尔，《钢琴别恋》和《侏罗纪公园》中的明星，也被葡萄酒酒虫咬得难受。他的酒庄位于专业生产黑品乐的崎岖的中奥塔哥地区，他对之十分投入，产出这款几近完美、香气馥郁的红葡萄酒。

Two Paddocks Pinot Noir
新西兰，中奥塔哥
13.5% ABV $$$ R

体育明星

虽然这些人都与第19洞有关，但这些高尔夫选手同时也是著名葡萄酒产业业主，包括格雷格·诺曼，尼克·法尔多，阿诺德·帕尔默，以及南非的厄尼·埃尔斯，他的庄园出产这款强劲、有趣、充满热带水果风味的开普白葡萄酒。

Ernie Els Big Easy White
南非，西开普
13.5% ABV $ W

80 银婚纪念日

25年。这并不感觉像四分之一个世纪，或者这四分之一个世纪感觉并不像它过去那样。如果，在你的婚礼那天，你回顾你之前的25年，好吧，你还只是个孩子，几乎完全是另外一个人。回顾结婚时的那个你，如今你并没有改变那么多，是吗？你还是同一个人，你以同样的方式思考问题，即使婚纱照清楚地表明你和当初看起来不一样。照这样下去的话，你将会在庆祝你50周年纪念日的时候想到今天，感觉就仿佛是昨天。你的伴侣会提醒你，“别再怀旧了，这不是一个用沮丧来沉思生命意义的日子。或许我们不应该买下那些手表——所有这些关于时间的沉重东西。你应该是快乐的！”你确实需要快速脱离这种感觉；当下有许多东西值得庆祝。你需要调整你的观点。当你快乐的时候，时间飞逝；对大部分人来说，那些25年真正是快乐的。今晚的派对，用葡萄酒来配合银色的主题，和朋友、家人一起度过。那么下一个25年呢？你可以到明天再来考虑这个问题。

“和你在一起，没和你在一起，这就是我用来计算时间的方式。”

——豪尔赫·路易斯·博尔赫斯

SILVER OAK CELLARS NAPA VALLEY CABERNET SAUVIGNON

产地：美国，加利福尼亚，纳帕谷
风格：强劲的红酒
葡萄品种：赤霞珠
价格：$$$$$
ABV：14.5%

这是完美的象征：银橡木代表着你的婚姻在达到25年时的力量。这款酒在风格方面也属经典，来自纳帕谷最好的生产商之一。强劲，像橡木一样结实，包裹着天鹅绒般的单宁，主要呈现醇厚的李子、黑醋栗、黑莓风味，同时掺杂着辛辣和暖和舒适的橡木味。和你的婚姻一样，它可以很好地陈年，你甚至可以为这个纪念日找到对应的年份酒。

配餐：口味强劲的食物。试试烤肉，例如羔羊的羊肩肉，猪的腹部肉，或者牛肋骨肉。

经济型的"银"酒

非常适当的象征出现在酒标上：argento是意大利语中"银"的意思，也指这款酒的来源地。这是一款卓越的派对葡萄酒：不贵，有着马贝克特色的李子香气，柔滑而新鲜。

Argento Malbec
阿根廷，门多萨
14% ABV $ R

东方的"银"酒

黎巴嫩的葡萄酒业在这几十年得到复兴，同时也有着悠久历史，如今有许多颇有吸引力的生产商。被教皇新堡的老电报酒庄家族部分拥有的马萨亚酒业，是这里最好的生产商之一，这款酒辛辣、浓缩，有罗讷河风格。

Massaya Silver Selection Red
黎巴嫩，贝卡谷
14% ABV $$ R

银标白酒

禾富酒庄是澳大利亚葡萄酒在20世纪80、90年代达到国际领先的成功典范，酒品质量始终如一。这款霞多丽混合酒来自凉爽的澳大利亚南部，带有奶油味和水果味，丝毫不显得平淡。

Wolf Blass Silver Label Chardonnay
澳大利亚南部
13.5% ABV $$ W

银色起泡酒

说到意大利的起泡酒，我们中的大多数人或许在脑海中想起普罗塞克酒和蓝布鲁斯科酒。然而来自伦巴第的弗兰恰科尔塔酒是与香槟酒最接近的对等物，同样的方式和葡萄品种酿制，是一款轻松，有饼干味的纯霞多丽微起泡酒。名字中附带的这个25，是指收获和销售之间的月数，而不是年数。

Berlucchi Franciacorta Brut 25 Chardonnay
意大利，伦巴第
12.5% ABV $$$ SpW

81 团队活动中的品酒会

精神病专家将精神世界划分为外向型和内向型，将我们的精神世界界定在介于两者之间的变化范围。现代工作团队或许可以以类似的方式来理解，团队成员之间的区别明显，一部分人享受团队活动，坚信它会对团队建设起到积极作用；另一部分人则对此持怀疑论。将两种性格类型放到一起，进行模拟军事攻击活动或自建急流筏活动，得到的结果或许不是组织者想象的那样。然而，让他们在舒适的环境中开一场品酒会，或许能实现看起来很遥远的积极作用。品酒会的目标并不只是去享受一起喝酒的快乐。要有吐酒桶，同时设置任务会带来他们之间结构的变化。利用这些葡萄酒，你能够理解五种最常用的葡萄品种间的区别，这是享受葡萄酒的第一步。将成员进行分组。比较，对照，讨论。来一个竞争性的模式：盲品，看谁能分辨每一个品种。完成之后，倒一杯你最喜欢的葡萄酒并开始（建设性的）讨论。

“在团队里没有‘我’。”“是的，他的名称包含三个方面。”

——团队活动日中作者的体验

CASILLERO DEL DIABLO CABERNET SAUVIGNON

产地：智利，中央谷
风格：强劲的果味红酒
葡萄品种：赤霞珠
价格：$
ABV：14%

这是一款来自智利最大的生产商的一款极度可靠的红酒，价格不贵，容易找到，品质始终如一地好。对于团队活动中的品酒会而言（你可能会最后提供这款酒），它的表现突出，因为它不能够用任何其他品种的葡萄酿制，有着赤霞珠标志性的单宁，有力，黑醋栗风味，细微的薄荷味，并不像其他充斥市场的葡萄酒那样有甜腻的果酱感。

配餐：馅饼，那些填满切碎的肉末，橄榄，葡萄干和煮熟的鸡蛋的小馅饼，是伴随这场讨论的合适的南美小吃。

关于雷司令

品酒会的第一支酒，在酒精和酒体方面都很轻盈，这是一款典型的澳大利亚雷司令酒。留意它劲头十足、几近尖酸、澄净的特质（雷司令是一种高酸的葡萄）以及生动的酸橙风味。

Peter Lehmann Riesling
澳大利亚，伊顿谷
12% ABV $$ W

关于长相思

另外一个大生产商（布兰科由法国的保乐力加跨国公司所拥有）和值得信赖、负担得起的葡萄酒，展现经典的新西兰长相思特质：丰富的西番莲果味，醋栗和灯笼椒味，以及新鲜的柑橘风味。

Brancott Estate Sauvignon Blanc
新西兰,马尔堡
13.5% ABV $ W

关于霞多丽

这是一个新手学习的过程，期待从霞多丽得到什么，它已经经过橡木桶陈酿：带有奶油味的微妙口感，质地醇厚，柔和的香蕉和甜瓜味，柠檬般的酸度保持口感新鲜。

Sonoma-Cutrer Sonoma Coast Chardonnay
美国，加利福尼亚
13% ABV $$ W

关于西拉

辛辣的黑胡椒、黑莓、欧亚甘草和药草风味，这款由西拉酿制的年轻葡萄酒中的芳香和风味全部都在此体现，这是一款有嚼劲的健壮葡萄酒。

Domaine Les Yeuses Les Epices Syrah
法国，朗格多克
13% ABV $ R

品尝主题

葡萄品种是品酒会的主要主题，但并不是唯一主题。尝试比较来自不同地区同一葡萄品种酿制的葡萄酒；或者同一地区不同生产商；不同年份；来自同一生产商的不同葡萄酒……还可以列出很多。

82 珍珠婚纪念日

“雪利酒？”你的配偶大声说出你为庆祝这个重要的纪念日而选择的特别葡萄酒。“我知道我们是老了一点，但是当然我们还没有达到喝雪利酒的阶段。你有什么其他的计划吗，也许去舞厅跳舞？还是我们去看看老人院的小册子？”这是你料想到的反应。然而，这款极佳的安达卢西亚的加烈酒正努力避免这种看法，那就是这是一款只为年长的和古板的人准备的葡萄酒，以及那种在一个特定的无趣无聊的地方，譬如图书馆、博物馆，甚至老人院里提供的葡萄酒。你对它足够了解。你选择它并不只是因为标签上的数字意味着里面的酒差不多和你婚姻的年龄一样（没有人能够否认这里有着时空穿梭的魔法）；其中的意味很多。选择这一款优质的陈年雪利酒，因为它有着其他葡萄酒里没有的芳香和风味，因为它能和你将要吃的食物搭配得很好，同时因为——这也是最重要的一点，在所有夜晚中的今夜，是浪漫之夜：来自莎士比亚的诗意灵感，一种与弗拉门科民歌的狂放激情对应的葡萄酒。“现在你明白了吗，我的爱人？”

“爱或被爱，这就足够了，别渴求太多，生活的黑暗笼罩下你不会找到其他珍珠的。”

——维克多·雨果《悲惨世界》

GONZÁLEZ BYASS APÓSTOLES 30 YEAR OLD PALO COR

产地：西班牙，赫雷斯
风格：加强酒
葡萄品种：混合
价格：$$$
ABV：20%

雪利酒在风格上有两个分支。一种是菲诺酒和阿蒙提亚多酒风格，这种酒在酒桶中自然发生的酵母层下发酵好多年（称为“酵母花”），产生咸味和酵母味特色。另一种是欧罗索酒，酿制过程中并不产生“酵母花”，成酒的坚果味更浓。不过，保罗·科塔多风格的酒两者都不是，开始的时候像是菲诺酒，然后不可思议地变成更像欧罗索酒的风格。和所有的雪利酒一样，阿坡多尔斯酒采用索罗拉系统酿制，当有葡萄酒被移走装瓶后就会加入新的葡萄酒补充进酒桶。这种索罗拉酿酒方式开始于1862年，葡萄酒平均都是超过30年以上的陈酿，酒呈干型，香气萦绕，带有惊人的葡萄干、坚果和肉汤风味。

配餐：你可以在吃肉食的时候饮用这种酒，如果和奶酪搭配效果更好。

经济型选择

这款价格不贵的保罗·科塔多风格酒来自品质始终如一的酒窖，其标签上并没有注明时间，但并不年轻，极具神韵，有着乳脂糖、咖啡和细微的坚果风味。

Lustau Solera Reserva Palo Cortado Península Sherry
西班牙
19% ABV $$ F

不惜重金的选择

传统酒庄是赫雷斯地区的“新人”，专门生产小批量、颇具声名的雪利酒，将劲道和优雅完美结合。这款保罗·科塔多风格酒带有乳脂糖、坚果和柑橘风味，是以高质量的酒桶为基础酿造的，这些酒桶从一对有历史的雪利酒窖购买而来，并在传统酒庄自己的酒窖中陈放多年。

Bodegas Tradición 30 Year Old VORS Palo Cortado Sherry
西班牙
20% ABV $$$$$ F

晚宴白酒

如果你不想满脑子都是雪利酒，这里有一款来自西班牙与赫雷斯相对的另一端，加泰罗尼亚地区遥远的塔拉阿尔塔乡村干白葡萄酒。它风味独特，完全是新鲜的桃和精细的药草风味。

Herencia Altés Garnatxa Blanca
西班牙，塔拉阿尔塔
13% ABV $ W

晚宴红酒

来自不太知名的瓦伦西亚城周边的尤蒂尔·雷格纳地区，用当地的博巴尔葡萄酿制，这是一款结实、温暖的酒，带着浪漫气息。带有成熟的红莓、黑莓以及紫罗兰香气，显得别有风味。

Bodega Sierra Norte Pasión de Bobal
西班牙，尤蒂尔·雷格纳
14% ABV $$ R

83 作出重大决定

你已经尝试所有的普通方法。罗列出了一份优缺点清单并且分别仔细检查了每一点；你快速转动硬币，但是不久发现你自己不断改变局数：3局、5局、7局……你告诉你自己先睡一晚再作决定，然后你整晚都在考虑各方面的条件，床单变得越来越凌乱。午夜时分你的思维十分清晰，开始产生恐慌，要在黎明前得到难以想像的结果。朋友们的建议毫无帮助：太乐观，太悲观，不够浪漫，不够实际。但是时间在飞逝，截止时间已经隐约可见，越来越近。你一直试图根据教义生活，但没有人能在这个影响下作出一个明智的决定……但是或许这时你可以做一个期待。倒出一瓶阿玛朗尼酒，来自意大利西北部维罗纳市附近威尼托地区的葡萄酒，不同寻常的是，它是用黑葡萄酿制，收获后被储存在特别的阁楼上，得以风干制成葡萄干。这款葡萄酒深红，不透明，但是却充满生气。你轻啜一口（这是一款适合轻啜的酒），发现它浓烈、又苦又甜的风味完全适合你摇摆不定的情绪。然后一切都烟消云散。是的，那便是你要做的。难怪意大利人将像阿玛朗尼酒这样的复杂、强劲的酒称为“冥想之酒”(*vino da meditazione*）。

“做事情不需要花太多力气，但是需要花很大的力气来决定如何做。”

——阿尔伯特·哈伯德

ALLEGRINI AMARONE DELLA VALPOLICELLA CLASSICO

产地：葡萄牙
风格：醇厚的红酒
葡萄品种：混合
价格：$$$$
ABV：15.5%

阿玛朗尼酒是意大利西北部维罗纳省瓦尔波利塞拉地区的特产，强劲有力，干型（偶尔半干或微甜）红酒，独特的酿制过程形成它独一无二的品质，在这过程中，压榨和发酵之前，葡萄要干燥3～4个月。这款艾格尼酒，用几乎但不完全是葡萄干的果实酿制，就像又苦又甜的黑森林糕点：欧洲酸樱桃浸泡在黑巧克力中，再配上一杯咖啡。这是款浓烈的酒，应该细细啜饮。

配餐：当你仔细考虑而无法定夺的时候，试着将阿玛朗尼酒搭配大块的咸帕玛森乳酪。

穷人的阿玛朗尼酒

可代替阿玛朗尼酒的低价位酒品就是来自同一地区里帕索风格的葡萄酒，用非干葡萄酿制，放置在含有阿玛朗尼葡萄皮的酒桶里。清淡，饱含樱桃风味。

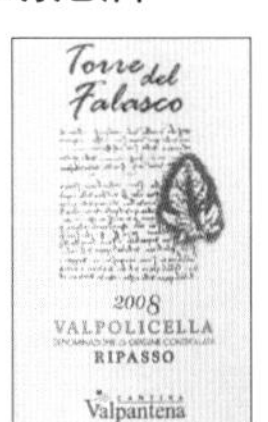

Valpantena Torre del Falasco Valpolicella Ripasso
意大利，威尼托
14% ABV　$　R

富人的阿玛朗尼酒

已故的朱塞佩·昆达里尼被广泛认为是阿玛朗尼酒的大师，精巧酿制的葡萄酒有着惊人的浓度、复杂度和纯度，明显带有肉食、八角和香料风味，以及馥郁的花香。这款经典的葡萄酒现在由他的家庭继续生产。

Quintarelli Amarone della Valpolicella
意大利，威尼托
16.5% ABV　$$$$$　R

南美牛仔的建议

位于安第斯山脉的意大利、阿根廷合作项目，其目标是用阿根廷特色的马贝克葡萄为基础，酿制阿玛朗尼风格的酒（因此名称稍加改变）。带有圆润和新鲜的感觉，一点甜味，层层李子、樱桃和巧克力风味。

Bodegas Renacer Enamore
阿根廷，门多萨
14.5% ABV　$$　R

甜白酒给出的答案

在威尼托的苏瓦韦地区，白葡萄（这款酒是用加纳加）被留在草席上使之枯萎，直到收获后的二月，使糖分和风味浓缩，形成这款精致、典雅、甘美的甜葡萄酒。

Pieropan Le Colombare Recioto di Soave Classico
意大利，威尼托
13% ABV　$$$　SW

葡萄和葡萄干

阿玛朗尼酒和雷乔托酒并不是仅有的用干葡萄酿制的葡萄酒。这种实践在意大利和地中海是非常常见的，著名的风格包括托斯卡纳的桑托酒，法国汝拉和罗讷北部的稻草酒（*Vins de pailles*），以及西班牙南部雪利和蒙蒂勒像蜜糖一样的PX。

84 70岁生日

有人在生命中得到了他想得到的一切吗？或许只有真正的禅宗能做到，并且只不过用一生的时间努力去擦拭掉他们所有世俗的追求。在我们70岁生日的时候，仍然是很自然地，我们会盘点到现在为止我们做了什么，再问问我们自己还有什么新的经历和成就我们是能够做到的，来增加到我们个人的收藏中？或许我们最终会认识到，我们如今的不满足是对于过去而不是对于未来，它并不像我们认为的那么重要，在一开始被制定的时候就是不现实的。即使我们不会当选总统，不会赢得诺贝尔奖或者成为世界自由滑雪冠军，我们或许依然把掌握一种乐器或者外国语言作为目标，掌握蓝丝带烹饪课程，或者开始一次到马丘比丘的旅行。还有些小事：你从来没听过完整的指环系列(Ring Cycle）或读过《追忆似水年华》，或者尝试过来自波尔多左岸的五座顶级酒庄中的任何一款。今晚便是尝试这些事情中至少一件的绝佳机会。

“到70岁就像爬阿尔卑斯山。你到达了一个冰雪覆盖的顶点，看到你身后的深邃峡谷在越来越远地延伸，同时在你前面其他顶点更高、更白，你也许有力气再往上爬，或许没有。你坐下思索想知道那到底是怎样的。”

——亨利·沃兹沃思·朗费罗

CHÂTEAU HAUT-BRION

产地：法国，波尔多，佩塞克-雷奥良
风格：干红酒
葡萄品种：混合
价格：$$$$$
ABV：13%

花费几百甚至数千美元在一瓶葡萄酒上是否值得？这是一个微妙的问题，并且结果也许取决于你的想法和你的资产，但是如果你已拷问内心和咨询银行经理，那么70岁生日的庆贺将确定是这样做的时候了。这款具有历史意义的红葡萄酒——有记载以来最古老的，称为一级酒庄的五座波尔多顶级酒庄出品中最便宜的葡萄酒，将是一个非常值得的挥霍候选。

配餐：一大块简单调过味的珍贵的烤牛肉将会衬托这款酒的特质，而不会掩盖其微妙的复杂性。

旧世界的高雅葡萄酒

高雅这个词和拉菲酒庄紧密相依，波尔多一级酒庄中最大并且是——自从它成为中国的超级富豪的必需品后，最贵的一家。赤霞珠是这款混合酒中的主要品种，最好的年份酒陈放几十年后，呈现出更多香味和丝滑感。

Château Lafite Rothschild, Pauillac
法国，波尔多
13% ABV $$$$$ R

豪华的丝绒

经过20世纪70年代后期格里克·门采尔普洛斯家族的改善，来自同名子产区的玛歌酒庄的优质葡萄酒劲道十足，优雅豪华，有着丝般柔滑的质地，香气浓郁诱人。

Château Margaux, Margaux
法国，波尔多
13% ABV $$$$$ R

力度和精致

法国人喜欢用性别术语去区分葡萄酒，“女性”通常等同于芳香和柔和，“男性”表示力度和质地的坚度。如果你理解了这种区别，拉图就是一级酒庄酒中最“男性”的，深色、浓重，并且英俊不凡。

Château Latour, Pauillac
法国，波尔多
13% ABV $$$$$ R

暴发户

自从1855年分级系统确定以后，木桐酒庄是惟一晋升到顶级行列的酒庄（1973年），从场景来看它是一级酒庄中最豪华的。这款酒奢华，极度芳香，富有异国情调。

Château Mouton Rothschild, Pauillac
法国，波尔多
13% ABV $$$$$ R

1855年的分类系统

针对波尔多梅多克地区（加上格拉夫的奥比昂）的顶级红酒和来自索泰尔讷和巴尔萨克的甜白酒的1855年分类系统颇有威望，在今天仍然影响着葡萄酒的认定和销售。不像勃艮第和香槟的葡萄园被分成各种等级，在波尔多是以酒庄来分级，以声望和价格为基础，将酒庄分为各个级别（列级酒庄）：红酒分为五个等级，甜白酒分为两个等级。

85 庆贺退休

真的是它吗？经历了成千上万的最后期限，一个也没错过。好吧，即便只有一些，现在谁还记得它们呢？那些你认为你已经完蛋的时刻，那些你觉得可能做错了的时刻。那些让生活变得一团糟或变得充满欢乐的同事们。卑鄙的老板总是忽略给你晋升，智慧的导师为你指点迷津。再没有关于复印机的争论，再没有围绕冷水机的小道消息和笑话，在早晨六点也不再有烦人闹钟的哔哔声。你收起了那些年摆在你桌上的那张家庭照片，你最后一次关掉屏保程序，在你公司周围角落里的熟食店最后吃一次那里的三明治。挥别这些年来你所做过的事情和取得的成就。是的，现在是一个新的时期了。今晚回顾过去，展望未来。倒上一杯波特酒，放上伊迪丝·瑟雅芙的作品，就是那首“不，我一点都不后悔”（*Non，je ne regrette rien*）。

“波特酒并不适合太年轻、自负和积极的人。它是年长者的抚慰剂，是学者和哲学家的好伙伴。”

——伊夫林·沃

FONSECA VINTAGE PORT

产地：葡萄牙，杜罗河谷
风格：甜型加强酒
葡萄品种：混合
价格：$$$$
ABV：21%

杜罗河蜿蜒流向波尔图市和大西洋，河岸是一排排的梯田状葡萄园，杜罗河谷是波特酒的家乡，世界上最美丽的葡萄酒生产地区之一。丰塞卡是该地区最具有历史意义的名字之一，最好的产品年份波特酒只在特别的年份才酿制，堪称尤物，年轻时深沉、浓重，有着爆发性的新鲜芳香水果味，随着时间推移转变成柔和、圆润的干果味。在这一点上，它成为了反映生命转折点最后夜晚的烈酒。

配餐：一块成熟的硬奶酪或者一块苦的高可可含量黑巧克力。

经济型选择

可以算是市场上经济型LBV（晚装瓶年份酒）风格波特酒最好的酒款。极为丰醇，有深度、浓缩、强劲，有着紫罗兰、红色和黑色水果，以及香料的芳香。

Warre's Bottle Matured Late Bottled Vintage Port
葡萄牙，杜罗河谷
20% ABV $$ F

不惜重金的选择

用诺瓦尔酒庄中心地带一小块土地上的老藤葡萄果实酿制，这款“国家”年份酒被很多人认为是年份波特酒中的上品，香气微妙，低调，有着优质葡萄酒的全部优点。

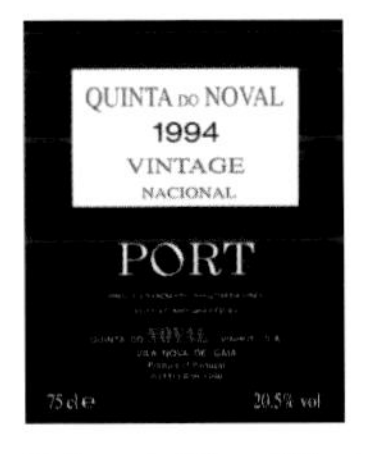

Quinta do Noval Nacional Vintage Port
葡萄牙，杜罗河谷
20% ABV $$$$$ F

隐居西西里岛

马沙拉酒是一种不该被忽视、具有历史意义的来自西西里岛的加强酒，马克·巴托利为它赢回世界的关注作了很多努力。用当地的格里洛白葡萄品种酿制，甜美芳醇，带有蜂蜜、坚果，以及杏子风味。

Marco De Bartoli Marsala Superiore 10 Anni
意大利，西西里岛
18% ABV $$$$ F

一些没那么强劲的东西

近些年，杜罗河的非加强型红酒迅速得到提升，多才的德克·尼伯特酿制的这款优质波特酒，有着石南水果风味，类似黑品乐酒一样的柔滑，酒精度并不高。

Niepoort Charme
葡萄牙，杜罗河谷
13.5% ABV $$$$ R

优质年份波特酒

年份波特酒只在生产商宣布最好的年份里生产。这些最好的酒将在瓶子里用几十年时间发育成熟，陈年环境稳定，气候凉爽，不与光接触。这里是一些战后的优质年份：2009，2007，2005，2003，2000，1994，1970，1966，1963。

86 平安夜

孩子们这时异常兴奋，热衷于拐杖糖，把起居室弄得一团糟，这时他们的注意力很难集中，甚至圣诞节特别海绵宝宝都不能让他们保持超过30秒的安静。平安夜是相对于明天来说的，热闹的气氛会达到顶点。作为一个成年人，你或许会感到非常不同，实际上，你知道这份激动的原因——快乐是平等的，能够带来满足。你出明智的决定，不是要去楼下的狂欢派对，还要其他要完成的事情。你坐下来包装礼物，明白已经完成了购物，可是手中的这件礼物好像需要电池……至少明天的大餐已经准备好了。但是火鸡依然冻在冰箱里！马上，你发现你自己对明天的期待就和孩子们一样热切。然后接下来，你使尽浑身解数全力对付一整晚的包装纸和填满昂贵塑料进口商品的盒子，你收听电台传来的颂歌，给自己倒一杯圣诞雪利酒，沉浸到期待的情绪中：在这个年龄，尽管面对各种事物和压力，你仍然游刃有余。圣诞快乐！

“圣诞是点燃大厅里热情的火焰、点燃内心仁爱火花的时节。”

——华盛顿·欧文

EL MAESTRO SIERRA OLOROSO SHERRY

产地：西班牙，赫雷斯
风格：加强型白酒
葡萄品种：帕洛米诺
价格：$$
ABV：19%

这款葡萄酒作为传统的圣诞节角色可以用来延长圣诞的欢乐气氛，当然还有很多其他理由在每年的这个时候喝上一两瓶雪利酒。这款超醇美的葡萄酒用欧罗索风格酿制，这意味着它在酒桶里并没有长出酵母层，而正是这个酵母层为菲诺酒或者阿蒙拉提多酒带来与众不同的酵母风味。平均15年的陈酿时间，有着干橙和坚果、香料风味和悠长的余韵。

配餐：你或许已经告诉孩子们，那些所有袋子里的咸味点心是为明天准备的；这会他们已经在床上了，即使还没睡熟。只来一袋并不要紧，这些咸味的食品能和雪利酒搭配得很好。或者来一块果子甜面包？

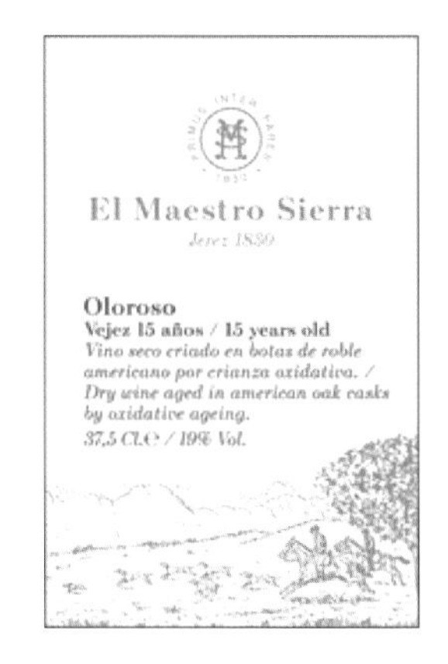

经济型选择

菲诺酒是比较清淡的雪利酒，加强到15%的体积酒精浓度在白色酵母层下发酵，带来与众不同的咸味和酵母味。瓦德斯匹诺的伊诺森特酒典雅且新鲜，有柠檬甚至一点碘酒的风味，能与海鲜搭配得很好，也适合单独品茗。

Valdespino Inocente Fino Sherry
西班牙
15% ABV $ F

圣诞招待

阿蒙提拉多酒是雪利酒的一种，它在酒桶里的一层白色酵母菌下开始它的“生命”，酵母层死亡后它继续发育成熟。成酒极为深沉，干型，带有可口的深色焦糖风味，以及咸味和酵母味。

Lustau Almacenista Cuevas Jurado Manzanilla Amontillado Sherry
西班牙
18.5% ABV $$ F

平安夜晚宴白酒

这款醇厚的干白酒来自法国卢瓦尔谷，由白诗南葡萄酿制，令人愉悦，将会使圣诞晚宴更加欢乐。客人已经到达，别再等着，尝尝它烤苹果风味的魅力吧。

Domaine Huet Le Haut-Lieu Sec
法国，武弗雷
13% ABV $$ W

平安夜晚宴红酒

波特酒当然是节日宴会用酒，但是很多人把它留到圣诞后晚宴搭配奶酪。我们可以先开一瓶来自同一地区同一葡萄品种的干型餐酒，同样有着深色水果风味。这个生产商也出产极佳的波特酒。

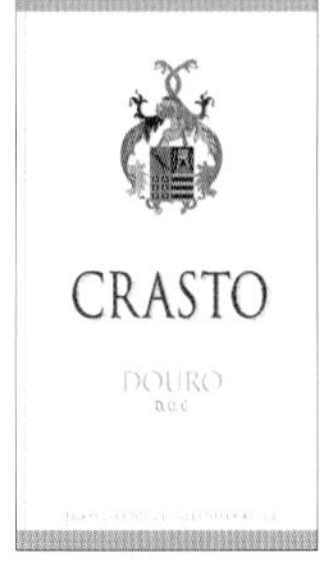

Quinta do Crasto Tinto
葡萄牙，杜罗
14% ABV $ R

87 红宝石婚纪念日

“我不知道没有你我该怎么办。”这是生命中脱口而出的话语之一，幽默而真实，某些人们用起来不经过考虑的话。你对自己说，对配偶说，仿佛它平淡得就像一句“谢谢你。”只到今天，所有的祝福卡片，鲜花，另一半送上的令人激动的礼物让你从平日的恍惚中清醒，你回想过去的四十年，意识到这句话饱含真诚。没有他/她，你该怎么办？难以想象。有关姿势，声音和图像；思想，感觉和味道的清单隐藏在你们日复一日的共同生活中，这些都被认为是理所当然，直到你和另一半分开一段较长时间，你才会意识到。多年以来，你生命中分离的线已经缠绕成圈，并将你们环绕，难以挣脱。你的婚姻，就像你将要用来铭记这一时刻的波特酒一样，有着同样的年龄，而这并非巧合。你仍然能够感觉到40年前它收获时的年轻果味；想象到新酒桶的树脂味。多美好的回忆啊。但是这款酒的表现如今更棒。随着时间的推移，变得更加柔滑而成熟，远胜过去的状态。

“快！快！美丽的新娘，从那几个盒子里取出星星，把红宝石、珍珠和钻石拿出来，将它们拼成包含这全部的星座。”

——约翰·多思《祝婚词》

QUINTA DO NOVAL 40 YEAR OLD TAWNY PORT

产地：葡萄牙
风格：加强型甜红酒
葡萄品种：混合
价格：$$$$
ABV：21%

在木桶中沉睡了几十年，给这款加强酒带来了芳醇的成熟度，可以很好地呼应你的结婚纪念日。“复杂度”用来修饰葡萄酒时经常会被滥用，但这款酒却真正符号这个词语：乳脂糖、焦糖、坚果和香料风味，略有一点黑色水果风味，当它在多年前初入酒桶时，就已经具备这些充足的香气。

配餐：这款酒里乳脂糖的甜味足够搭配焦糖或者水果餐后甜点，单独饮用也很不错，或者只是搭配像一盘咸杏仁那样普通的小吃，以使得它的复杂度完美呈现。

一款真正的红宝石酒

德克·尼伯特不仅酿制波特酒，也酿制杜罗河最佳的非强化型酒。这款特别传神的红宝石酒，年轻而充满生气，用来即饮而非窖藏。

Niepoort Ruby Port
葡萄牙，杜罗
20% ABV $ F

不惜重金的选择

与在瓶中陈年的年份波特酒不一样，这款茶色波特酒是装瓶即饮类型，桑德曼是展示长时间木桶陈酿魅力的佳酿之一，微妙的甜味，巧克力、坚果、干枣、无花果风味。

Sandeman 40 Year Old Tawny Port
葡萄牙
21% ABV $$$$$ F

纪念日晚宴白酒

传统的葡萄牙杜罗河谷产品的等级排序是波特酒第一，红葡萄酒紧随其后，白葡萄酒排在最后。然而，时代变了，“葡萄酒＆灵魂”产品的质地，香草味，微妙的橡木味，显示了该地区生产优良白葡萄酒的潜力。

Wine & Soul Guru Branco
葡萄牙，杜罗河
13% ABV $$$ W

纪念日晚宴红酒

杜罗河确立欧洲顶级红葡萄酒生产地之一的地位已经有二十年了，皮奥瑞亚用了不到十年的时间成为这里的领先企业。同名的顶级葡萄酒值得付出额外花费。这是一款该生产商的精彩优质混合酒，果味浓，粗犷，芳香馥郁。

Pó de Poeira Tinto
葡萄牙，杜罗
14.5% ABV $$ R

凌晨时分

在酒吧叫最后一杯酒，每个人都略有感伤。此时放上了法兰克·辛纳屈的LP唱片：《凌晨时分》，舒缓而衷心，你思考起人生大事和情感。在法兰克的生活中，此刻马丁尼酒早已放在一边，换上苏格兰酒或波旁酒，纯饮或加冰。也有葡萄酒同样适合这样的氛围，低沉吹奏的萨克斯管带来的伤感，厌世的低吟歌手声音随着烟雾弥漫。那应该是强劲的葡萄酒，照字面意思是加强型；小口啜饮；像单麦芽艾莱酒或者小批量的肯塔基酒，有着类似的颜色和同样强烈的风味。然而，这些葡萄酒没有那么烈，它们的影响将会伴随你到家，从黑夜持续到黎明，甚至意志消沉一整天。你对自己解释，一些来之不易的智慧可能只会来自这凌晨时分的几个小时。虽然并不多，但是它却让这个寒冷夜晚后的明天完全不同。

“在凌晨时分和朋友们一起喝葡萄酒，还有什么比这更美妙的？”

——詹姆斯·乔伊斯

EQUIPO NAVAZOS LA BOTA DE AMONTILLADO

产地：西班牙，桑卢卡尔-德巴拉梅达
风格：加强酒
葡萄品种：帕洛米诺
价格：$$$
ABV：18.5%

像威士忌、干邑及其他午夜酒品一样，雪利酒通过陈年时与木桶的接触获得颜色和大部分的风味。和所有的雪利酒一样，这一款也是在索罗拉系统中陈年，多个年份的葡萄酒混合到一起，新的葡萄酒加进去替换被装瓶的葡萄酒；平均陈年时间是18年。酿成的葡萄酒层次感清晰，坚果味浓厚，风味极佳，还有一点咸的焦糖味。

配餐：尝试用这款雪利酒搭配一碗咸杏仁，一些橄榄和一盘西班牙火腿。

波旁酒的替代品

桑托酒并不是加强酒，酿制过程首先将白葡萄（有时是红葡萄）晾干至冬季，然后压榨并将果汁放到木制酒桶里，最终形成典雅的甜酒，带有香料和甜杏风味。

Badia a Coltibuono Vin Santo del Chianti Classico
意大利，托斯卡纳
16% ABV $$$ SW

苏格兰酒的替代品

葡萄牙的马德拉群岛在大西洋北部酿制出卓越、品质稳固的葡萄酒，几乎可以陈年几个世纪。这款干型酒来自知名的巴贝托酒庄，有着干果、坚果风味以及微妙的咸味，感觉类似优质苏格兰烈酒。

Barbeito 10 Year Old Sercial
葡萄牙，马德拉
19% ABV $$$ F

干邑的替代品

鲁西荣的里维萨尔特地区自14世纪以来就生产优质加强酒，位于法国南部，靠近西班牙边境。这款深色酒有太妃糖的甜味，以及核桃和干果风味。

Domaine Sarda-Malet Le Serrat Rivesaltes Ambré
法国，鲁西荣
16% ABV $$ F

午夜的清淡酒

类似于雪利酒的一些风格（菲诺酒、曼赞尼拉酒），这款来自法国东部的未强化白葡萄酒是在一层白色酵母下发酵，带来与众不同的风味，使人忆起英式早餐砂锅肉汤，还有着新鲜苹果的味道。

Stéphane Tissot Arbois Savagnin
法国，汝拉
13% ABV $$$ W

氧气和葡萄酒

与氧气的相互作用，是导致葡萄酒在装瓶前，随着酒桶陈酿时间产生复杂的芳香和颜色改变的主要原因，在装瓶之后也是一样。一些葡萄酒制造商故意允许更多的氧气与葡萄酒接触，以带来坚果和干果的风味。其他风格，例如新鲜、芳香的白葡萄酒酿制的过程，则尽可能少地接触氧气，以保护果味和花香味。如果你花10美元购买的灰品乐酒颜色呈棕色，这说明有问题；如果你的30年陈酿雪利酒呈类似的颜色，这就是它应该是的样子。

89 道歉

此刻，你确定你是正确的；可是别人不一定相信你。你们争论，言语逐渐激烈，从论点到对照再到得意洋洋的总结，几乎像是马丁·路德·金的演说，可是对方并不理会，你闭上你的眼睛，似乎对你嗓音的回声、观点的清晰所着迷。你可能会整晚继续下去。你几乎希望你能记录这整个事情。再次睁开你的眼睛，为必然的让步做好准备，张开双手为你的对立道歉；却发现没有人在那里。你叫他/她的名字，走到厨房发现一张纸条，如果从某一立场看，其中的意味深长的超过你任何美好的独白："你怎么说都不能说明这样做是对的。"这次你是真正搞砸了，除了花和巧克力，你还需要其他东西来修补关系。一瓶葡萄酒或许可以帮忙：它不仅能表达歉意，稳定、圆润的特质，以某种方式传递你歉意的成熟和真诚。葡萄酒利用富有智慧的传统方式酿制，在瓶中待了足够的时间以使单宁和酸度柔和谐调，向世界展示他们真实的面貌。

"一瓶佳酿，就像一个好节目，永远在记忆中闪亮。"

——罗伯特·路易斯·史蒂文森

BODEGAS MUGA PRADO ENEA GRAN RESERVA

产地：西班牙，里奥哈
风格：典雅型红酒
葡萄品种：混合
价格：$$$
ABV：13%

传统里奥哈酒给人以一种冷静的感受。部分原因是因为它们酿制的方式：没有紧迫感，不匆匆忙忙；只有在准备好的时候才面世，在桶和瓶中陈酿6年，即便它还可以储存更长时间。这款酒非常顺理成章，感觉成熟，柔滑而高贵，有着香草、椰子、香料、皮革，以及红色水果风味，使人平静而不是昏昏欲睡。饮用的时候你会思考很多，其中的特质提醒你应该用反省而不是争斗的方式处理问题。

配餐：在墨西哥作者劳拉·埃斯基维尔的最畅销的小说和食谱《情迷巧克力》中，主角记得一个农民说过如何做（墨西哥）玉米粉蒸肉，一个以玉米为基础的生面团配上树叶煮沸，如果它们由正在争吵的人制作，将永远不会浮上来。配上肉或者奶酪，很适合这款里奥哈酒，并且一旦你解释了这个意思，它的象征意义将一定会被欣赏。

用一瓶经济型酒和解

这款酒更多地是受到传统的西班牙里奥哈酒酿制方式而非加利福尼亚方式所启发，维内特酒庄与很多同等级的同行一样，坚决采用传统方法，在大的橡木桶中陈酿很多年后才推出，使得这款柔和的混合红酒有着皮革、肉质风味和复杂度。

Weinert Carrascal Tinto
阿根廷，门多萨
14% ABV $ R

价格不菲的道歉

来自碧安帝·山迪的托斯卡纳经典红酒都有着陈年的智慧，这个生产商历史悠久。这款酒典雅而微妙，有着力度和深度。这是一款颇具权威的葡萄酒，如果你愿意，可以用它调解最难缠的争论。

Biondi-Santi Brunello di Montalcino
意大利，托斯卡纳
14% ABV $$$$$ R

作为道歉礼物的葡萄酒

通过标签去评价一款葡萄酒通常不是一个好主意，但出于这个目的，引人注目的包装的影响和葡萄酒本身的品质一样重要。这款葡萄酒和它的标签上的葡萄树一样，不仅具有现代风格，也非常吸引人。成熟，新鲜，颇具诱惑的红酒，来自膜拜酒彭高斯的丹麦生产商。

Peter Sisseck Psi
西班牙，杜罗河岸
13.5% ABV $$$ R

当道歉已经太迟的时候

一款能够给予安慰而不是普通的减轻悲伤的葡萄酒，这款衷心的红酒，是两个酿制葡萄酒的朋友合作的结晶：约瑟·玛利亚·苏亚雷斯·弗朗哥，和若昂·普托加·拉莫斯，将森林水果风味和柔滑的单宁温暖结合。

Duorum Tons de Duorum Tinto
葡萄牙，杜罗
14% ABV $ R

90

圣诞节早晨

温斯顿·丘吉尔爵士，在他处理早晨的信件的时候，总喜欢喝上一两杯香槟酒。但是对于我们大多数人来说，在午饭前打开一瓶葡萄酒，就意味着走向腐朽和堕落。然而，如果有一个早晨可以例外，那它应该是圣诞节早晨，这是一个平时所有的清规戒律都在庆祝、宽容、对所有人友好的名义下被抛到脑后的时间。不管你和你的家人如何安排这一天：早晨或者傍晚出现的事情；午饭或者晚饭的享受；在看电影前拜访教堂——在你醒来后乐趣就开始了。那么是否你将这个早晨安排在厨房或者在树下？一两杯特别的（并且理想的轻盈型，考虑到其他喝酒的人将会在晚一点的时候到来）葡萄酒将会增添快乐的心情。

“圣诞节前夜开始讨论强劲的麦芽酒；圣诞节讲述愉快的故事；……圣诞节的嬉闹常常能够让穷人的心快乐半年。”

——沃尔特·斯科特爵士

ELIO PERRONE MOSCATO D'ASTI

产地：意大利，皮埃蒙特
风格：起泡甜白酒
葡萄品种：麝香葡萄
价格：$
ABV：5.5%

我以前的一个同事过去常常把莫斯卡多–阿斯蒂酒叫做“乐爽果汁”，当你品尝一款与该酒同样方法酿制的葡萄酒时，你能够理解为何他会那么说了。在许多方面这是一款夏季葡萄酒，非常适合野餐和湖边啜饮，结合了麝香葡萄的甜度、清新，轻快的酸度，以及柔和的小气泡。这些特质与孩子们在圣诞早晨无拘无束的欢乐有着异曲同工之妙，并且低酒精度意味着你不会很快得意忘形和嗨到极点。

配餐：圣诞节水果和薄煎饼早餐。或者你可以留一些下来搭配后面餐点中奶油风格的牛或羊奶酪。

经济型选择

一款澳大利亚酒，呈现明显的意大利风格。这款麝香甜酒由澳大利亚相对凉爽、迷人的维多利亚地区富有经验的酒厂酿制。呈现优美的粉红色，气泡柔和，有着爽快的粉色葡萄风味和酸度。

Innocent Bystander Pink Moscato
澳大利亚，维多利亚
6% ABV $ Ro

如果只有香槟才行

除了大品牌香槟酒，那些小生产商用他们自己的葡萄园里的葡萄酿制的葡萄酒也值得一试。拉曼迪亚–贝尼耶的百分百的霞多丽酒呈干型、清新，有着柑橘风味，带一点矿物质味，可以很好地将你唤醒。

Larmandier-Bernier Blanc de Blancs Extra Brut Champagne NV
法国
12% ABV $$$$ SpW

不贵的清淡起泡酒

来自威尼托地区，在意大利北部阿斯蒂的对面，这款普罗塞克酒活泼而柔滑，有着新鲜的苹果、梨风味，是一款度数更低，比经典的香槟酒更少些刺舌气泡的葡萄酒。与橙汁混合，就成了一款极佳的含羞草鸡尾酒。

La Marca Prosecco di Conegliano Valdobbiadene Extra Dry NV
意大利，威尼托
11.5% ABV $$ W

没有气泡的低酒精度酒

来自德国摩泽尔谷的雷司令酒因其在强劲酸度、柔和的果味、精细的质地和低酒精度之间达到完美平衡而著名，这所有的一切都展示在这款这个国家最受欢迎的生产者的产品之中：艾尔尼·洛森。

Loosen Bros Dr. L. Riesling
德国，摩泽尔
8.5% ABV $$ W

91 金婚纪念日

你和老伴都没有花费太多时间在黄金上：除了婚戒和三两个牙齿填充料，你就再没有任何黄金制造的东西。你知道这是过时的单词，那些黄金的展示不是为你准备的。然而，你知道，要庆祝这个非凡的纪念日，习惯上得去为你的老伴买一件用这种并不十分喜爱的材料制作的礼物。这就是你今天出门的原因。但是你将十分喜欢的礼物并不是珠宝店里那些华而不实的小玩意儿，或者那些让人惊讶的花瓶，即使它是古董。惊喜来自于一个不太可能的地方。在你回家的路上透过葡萄酒商店橱窗抓住你眼球的是（你确定你能把它带走）金色的酒：一瓶餐后甜酒，由延期成熟的葡萄酿制，这浓缩了它的颜色。它很昂贵，但是你必须拥有它。它不仅仅能搭配你为庆祝晚宴准备的餐后甜点和奶酪；它将你带回半世纪之前和你美丽的伴侣度蜜月时，第一次品尝葡萄酒的感觉。

“葡萄呀，你是以绝对的逻辑，说破七十二宗的纷纭；你是崇高的炼金术士，瞬时间把生之铅点化成金。”

——奥玛·开阳

ROYAL TOKAJI MÉZES MÁLY TOKAJI ASZÚ 6 PUTTONYOS

产地：匈牙利，托卡伊
风格：甜白酒
葡萄品种：混合
价格：$$$$
ABV：9%

尽管这个国家迅速增长的后共产主义葡萄酒状况生产许多优良的干型葡萄酒，匈牙利给世界最好的葡萄酒礼物仍然是惊人的托卡伊地区的甜葡萄酒，位于首都布达佩斯北部大约240千米。托卡伊酒和欧洲的贵族（不管你怎么认为，这些人对葡萄酒的品味不错）有很深的渊源。酒的丰醇和甜美来自所谓的“贵腐”，灰葡萄孢菌，一种在葡萄周围形成的真菌，浓缩果实的风味和糖分。这些酒以甜度分级，6个贵腐度是甜味的最高等级，从3个贵腐度开始。梅泽斯·马莱酒来自该地区最高级别的葡萄园，这是一款当你学生时代阅读19世纪小说的时候能够想象的葡萄酒：一种混合大麦糖和橘子酱风味的神仙液体，有着芭蕾舞女演员的优雅和自信，平衡、清澈。

配餐：水果馅饼，或者任何乳脂糖或者焦糖（尽量避免巧克力，因为它的苦味会破坏大多数葡萄酒的风味）。托卡伊酒同样和蓝色奶酪形成鲜明对比；并且如果没有影响你的道德心，可以与鹅肝酱搭配。

经济型选择

像其在贝尔热拉克的干型酒同伴，蒙巴齐亚克甜酒没有像波尔多的索泰尔讷的声名。羞辱，或者说不公正。但这却是饮者的福利，他们能够发现油质而杰出的甜酒，例如这一款，价格却并不贵。

Domaine de l'Ancienne Cure Monbazillac
法国
12.5% ABV $$$ SW

超出预算

有历史意义，非常受欢迎，精致（用在这里非常合适的词），伊甘酒庄酒是世界最昂贵的葡萄酒之一是有原因的。通常的描述是喝起来很清淡，呈金色，这样说似乎简单了些，再铺陈开一些，就要说到它的复杂度、悠长和优雅。

Château d'Yquem Sauternes
法国，波尔多
14% ABV $$$$$ SW

金婚晚宴白酒

勃艮第的霞多丽酒以多种不同的面目出现，这款莫索特村庄附近生产的干白酒在风格上趋向于更加饱满醇厚，口感更为宽泛。由顶级葡萄酒制造商丹尼斯·莫雷用当地种植者提供的葡萄酿制，这款葡萄酒有着一丝明锐伴随其标志性的醇度。

Morey-Blanc Meursault
法国，勃艮第
13% ABV $$$ W

寻找传说中的黄金国

受到法国博若莱酒的启发（因此奠定名称），酿制于加利福尼亚，这款红酒主要表现为佳美葡萄的浆果风味和完全的适饮度，为敢于尝试的富人提供完美体验。

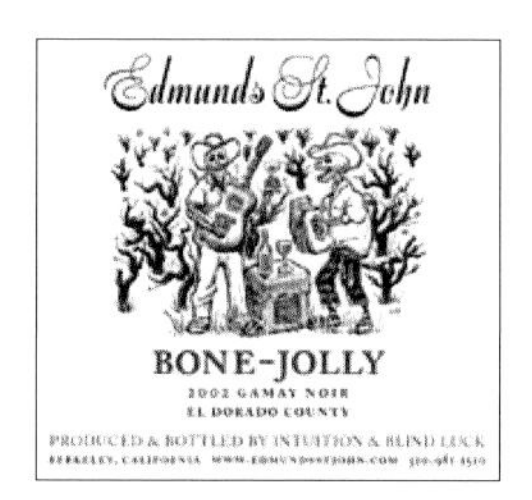

Edmunds St. John Bone-Jolly Gamay Noir El Dorado County
美国，加利福尼亚
12.5% ABV $$ R

92 80岁生日

当你还是一个年轻人，你看待长者的方式倾呈两极化：他们智慧，友善，充满活力；或者脾气暴躁，自大，顽固不化。当你逐渐成长，开始懂得，人们很少符合这种二选一的分类。现在，你已经到了这个年龄，无法改变，毫无疑问，你老了，你真的很想知道年轻人是如何看待你的。你希望他们注意到，你们一直在试图改变大家不动脑子的假想：人老了会自然地变得更加保守。这无关政治。这只与对世界保持包容开放、相信可能性有关，以及继续防止固执的思维僵化和偏见的出现。今夜，让孩孙们去准备音乐，你已经挑选了一个被那些报纸描述为"大胆"的流行餐馆，你会点那些被酒侍认为有些"别样"或者"锐利"的葡萄酒。来自黎巴嫩之类的与众不同的地区，或者采用巴斯塔多之类的不同寻常的葡萄品种酿制。它们在酿制方法、风味上有所不同，也许是怡人的矿物质味，或者是可口的果味。在你选择它们的时候体现了你一贯的做事风格：探寻那些让人震惊的新事物来保持年轻的心态。

"八十岁的优越性之一就是家里有了更多的人让我们去爱。"

——让·雷诺

DOMAINE MATASSA BLANC

产地：法国，鲁西荣
风格：醇厚的干白酒
葡萄品种：混合
价格：$$$
ABV：13%

大多数葡萄酒的魅力在于果味特色，那些天花乱坠的品尝记录描述已经在训练我们品尝时进行果味的类比。除了想象果园水果或者水果沙拉之外，在葡萄酒里还有其他特色。例如这款来自法国加泰罗尼亚鲁西荣地区的灰歌海娜和马卡贝奥混合白酒，体现出葡萄酒的矿物质味，这种风味来源于类似板岩和片岩的土壤，葡萄在其中生长（采用生物动力学方法）。你也许也察觉到了香草的味道，也许是来自于围绕着葡萄园的灌木丛。酒中有着柑橘属果实和白桃风味，以及坚果和燧石味。简而言之，这是一款卓越，真正复杂的葡萄酒，它来自一个起源新西兰游历甚广的葡萄酒制造商，一直按自己的方式做事。

配餐：天然的酸度，饱满和咸味的矿物质感让这款葡萄酒能够搭配刺激性、成熟的硬奶酪。

matassa.

锐利的葡萄牙酒

你可能并不了解单独用巴斯塔多（也被称为特鲁索）葡萄酿制的酒，它通常被认为是葡萄牙杜罗河谷次要的葡萄品种之一。但是这家母女组合的生产商一直做着一些与众不同的事情；这款酒明快而流畅，是清淡风格的红酒。

Conceito Bastardo, Vinho Regional Duriense
葡萄牙
13% ABV $$ R

时髦的黎巴嫩酒

黎巴嫩最著名的红葡萄酒是特立独行的。这款酒有时会被错误地轻率对待，风味极佳，有着野味和动物的味道，你可能会爱它，也可能会不喜欢。同样还有着异国情调的芳香，层层黑色水果味，一款真正新颖的葡萄酒。

Château Musar
黎巴嫩，贝卡谷
13.5% ABV $$ R

天然起泡酒

这是一款与众不同的高品质普罗塞克酒，和香槟酒一样在装瓶后进行二次发酵（大多数意大利起泡酒是在加压大罐内获得气泡），就像装瓶的麦芽酒，酵母被留在了瓶子里。带有蜂蜜、新鲜苹果和柑橘皮、精致慕斯的味道，强劲、提神的酸度造就了这款典雅而风味浓郁的起泡酒。

Casa Coste Piane di Loris Follador Prosecco di Valdobbiadene
意大利
11.5% ABV $$$ SpW

拥抱生命的冬天

受德国酿酒技术的启发，加拿大已熟于当葡萄在葡萄园被冻住的时候，采用冬天收获的葡萄来酿制甜酒。这里生产经典的餐后甜酒，有着充沛的酸度和甜蜜饯般的果林水果味。只一滴就是你所需要的全部。为了保持低消费，销售时装在非常小的瓶子中（20ml）。

Pillitteri Estates Vidal Icewine
加拿大，安大略
11% ABV $$$$ SW

招待不喜欢葡萄酒的朋友

大多数友谊来自于共同的爱好。我们通常会被有着相同爱好的人所吸引，感觉不那么孤独。如果所喜欢或所爱的人并不想参与你喜欢做的事情，这看起来确实有点让人沮丧。当你从电影院出现，高谈阔论关于人生变化的优美经历的那一刻起，而你的同伴……好吧，他们或许是出于太礼貌而不能说是自命不凡，但你从他们的眼睛里能看到他们试图改变话题。或者你推荐给同伴的书，在翻过几页后就被丢弃在床上，嘲笑你关于你认为你了解他们的设想。友谊就此失去。葡萄酒同样有这种让人走到一起和让人疏远的能量。所有那些生活方式的广告说葡萄酒是用来分享的并不完全是不真实的：分享对于同一款酒的体验会成为情感的纽带；如果品尝的体会相同，立刻会觉得志同道合。尽管如此，如果你爱的某个人宣称他们对那些经历不感兴趣，你不能就这一点与他们争吵，无论你觉得葡萄酒有多么精巧美妙。温和地劝说，选择那些与他们喜欢的饮料有类似特质的葡萄酒——特洛伊木马运来的风味完全不一样的酒，希望与朋友分享。

“当一个人对另外一个人说道：‘什么！你也？我原本以为只有我是这样的。’在这一刻，友谊产生了。”

——C.S.刘易斯

DARIO PRINČIČ JAKOT

产地：意大利，弗留利-威尼斯-朱利亚
风格：干白酒
葡萄品种：福莱诺
价格：$$$
ABV：12%

大多数白葡萄酒的酿制过程中，葡萄汁和葡萄皮之的接触时间很短。然而，这款所谓的“橙色”葡萄酒，在酿制过程中与葡萄皮有三个星期的接触，形成与众不同的颜色（铜色），风味和质地，介于桃红酒和白酒之间，与两者都不类似。你那喜欢喝啤酒的朋友不会关心其中的技术因素：不管如何装扮，葡萄酒终究只是葡萄酒。不过，可能让他们坐下来并引起注意的，是这款葡萄酒的芳香与柠檬柑橘风味，与小麦啤酒有很多共同点：有草本特征，略带涩味，苦味纠结，异国香料味，颜色也是如此。

配餐：*硬奶酪和意大利蒜味腊肠，或者也许尝试传统的啤酒小吃，例如花生或薯片。*

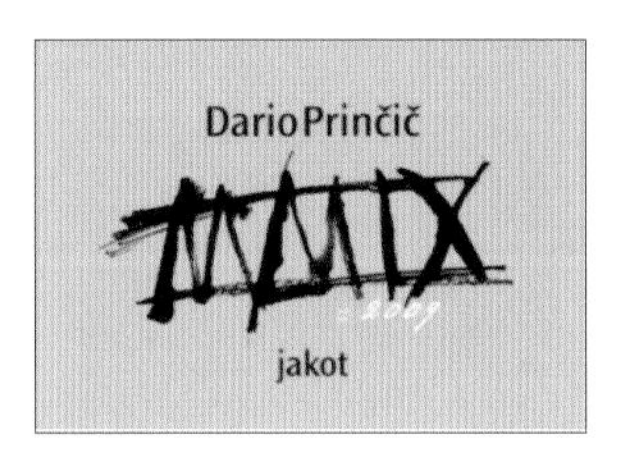

招待喝杜松子酒的朋友

杜松子酒的香气充盈，生产者采用不同的方式混合草本植物、香料和柑橘皮，产品形成独一无二的特色。那种“植物萃取酒”与这款异乎寻常的白酒香气有所类似，也许可以吸引马提尼酒或内格罗尼酒爱好者。

Kebrilla Grillo, IGP
意大利，西西里岛
13% ABV $$ W

招待喝棕色烈酒的朋友

这有一点欺骗，因为对所有加强酒来说，都含有一些烈酒成份。但是它的香气范围：焦糖、无花果、干果、甘甜雪松和橄榄，会唤起干邑或波旁酒爱好者脑海中的记忆。

Seppeltsfield Para Grand 10 Year Old Tawny
澳大利亚，巴罗萨谷
19% ABV $$$ F

招待喝咖啡的朋友

这款酒采用用品乐塔吉葡萄酿制，有浓咖啡的烟熏味，一些南非葡萄酒制造商已经创造出葡萄酒的新的流派，新的橡木桶带来摩卡咖啡的味道。它不一定符合每个人的口味，但是它或许是一种勉强让咖啡爱好者来喝葡萄酒的方式。

Diemersfontein Coffee Pinotage
南非，惠灵顿
13.5% ABV $$ R

招待喝软饮的朋友

用博若莱的佳美葡萄酿制的葡萄酒，尽管如此风靡，但官方却不允许生产商将产地标注在标签上，这是最接近高品质起泡果汁的葡萄酒，气泡柔和，有着覆盆子、樱桃和苹果的混合甜味，就像其名字所显示的那样，极其解渴。

Jean Paul Thevenet On Pete La Soif!
法国
7.5% ABV $ SpR

94 圣诞节晚宴

在美国，圣诞节食物是没有像感恩节那样严格规定的，感恩节大多数家庭坚持每年用同样的菜单。在圣诞节，晚宴有着地区性差异：西南部的玉米粉蒸肉，中西部高原的鳕鱼，或者南部的牡蛎……你的家庭不太可能像世界其他地方一样十分在意传统。我们中的大多数人会在狄更斯的《圣诞颂歌》中的经典烤焙晚宴获得灵感，一顿以烤家禽为基础的晚宴（鹅，火鸡，或者鸭子），配上各种辅料，然后是经典的圣诞布丁。为这种圣诞膳食准备的葡萄酒应该是既经典又传统的，维多利亚时代的人也会喝的东西：以香槟开始，吃家禽的时候喝波尔多或勃艮第红酒，波特酒伴随我们度过夜晚。我们或许也可以找出能搭配布丁的波尔多索泰尔讷金色经典餐后甜酒，尽管这些浓稠、深色调和物的绝佳搭配是那些有着同样干果特性的葡萄酒：澳大利亚最优质的“黏性”葡萄酒，卢瑟格伦麝香酒，或者标注佩德罗·希梅内斯的浓甜雪利酒。

“圣诞节的钟声敲响，这古老而熟悉的颂歌在耳际回旋，多么粗犷，多么甜蜜，反复把祝词叨念：和平布满大地，福佑撒满人间。”

——亨利·沃兹沃思·朗费罗

JOSEPH DROUHIN CHOREY-LÈS-BEAUNE

产地：法国，勃艮第
风格：典雅型红酒
葡萄品种：黑品乐
价格：$$$
ABV：13%

就像我们在别处看到的，勃艮第酒的价格并没有那么高，不需要花费一大笔钱，特别是如果你在一个不那么出名的村庄发现一个好声誉的生产商。约瑟夫·杜鲁安就是其中之一，在法国他是作为酒商，意味着从其他生产商那里收购葡萄甚至酿成的葡萄酒，然后装瓶、贴上标签销售。公司设在彩尼·伯纳，勃艮第博讷丘地区东北部的村庄，不像波马特或者沃尔奈之类那样出名，酿制的黑品乐酒具有红色水果味以及微妙的泥土味。

配餐：这款酒的特性和风味使人联想起蔓越橘。尽管它是干型的，但是搭配鹅或者火鸡时，它有一种与蔓越橘汁类似的效果，是这种肉食的理想搭档。

一款可靠的勃艮第白酒

勃艮第最南边的产区，圣韦朗，是马孔地区的明星。无需刷爆信用卡，就能发现它在霞多丽酒的潜力。奥利维尔·梅兰是一款足够刺激和醇厚，风味强烈的葡萄酒，而余味却如水晶般清澈爽利。

Olivier Merlin St.-Véran
法国，勃艮第
13% ABV $$ W

一款可靠的经典红酒

如果你预算充足，里奥维尔·巴顿庄园同名的顶级葡萄酒是波尔多地区品质稳定，值得珍藏的红葡萄酒之一。其副牌酒，用来自同一葡萄园的果实酿制，可以在年轻时饮用（尽管它仍然是五年左右的陈酿），价格不贵，有黑醋栗和石墨风味，圣于连公社的典型。

La Réserve de Léoville Barton, St.-Julien
法国，波尔多
13.5% ABV $$$ R

搭配圣诞布丁

搭配超甜，用深色干果和白兰地制作的经典圣诞布丁，要找到此卢瑟格伦麝香酒更合适的，我还没有发现。这款澳大利亚加强甜酒本身就几乎是个布丁，其甘美完全可以搭配布丁的风味。

Campbells Rutherglen Muscat
澳大利亚，维多利亚
17.5% ABV $$ F

晚宴后的波特酒

在英国，超市将蓝斯提尔顿奶酪和波特酒包装为礼品盒出售。饱满、奢华，圣诞的刺激物，威比特酒庄的晚装瓶年份波特酒能和黑巧克力搭配得很好，你可以在沙发上打盹前享用。

Ramos Pinto Late Bottled Vintage Port
葡萄牙，杜罗
20% ABV $$ F

95 作客

当你是客人时，在你到达之前花一分钟考虑一下为何带一瓶葡萄酒。那瓶你已经仔细选择作为礼物的葡萄酒，意味着一旦你把它交出来的时候，它就不再是你的了，并且你不能就什么时候或者和谁一起喝它的问题上说什么了。不管你多么渴望尝一下，不管你多么知道它比你拜访的主人提供的葡萄酒要好多少，也不管你感觉他们看起来并不欣赏它，你都不能要求或暗示他们，可以即刻就打开它。这是规则！你已经和那瓶葡萄酒挥手道别。毕竟，你不能期待把你买了带过来的鲜花再带回家，你会吗？当然，如果你在去某地的路上，你知道那里的葡萄酒将会是让人沮丧的，你可以一直随身带两瓶你的酒，一瓶作为礼物，另一瓶在饭吃到一半的时候突然想起："我真的认为你们应该试一试这个。"而且如果那第二瓶葡萄酒恰好比第一瓶更吸引人呢？好吧，一个智者曾经说过，他们不知道的话就不会伤害他们。

"说到给予，有些人毫无顾忌。"

——被认为是吉米·卡特所说

SHAW & SMITH M3 VINEYARD CHARDONNAY

产地：澳大利亚，阿德莱德山
风格：丰醇的干白酒
葡萄品种：霞多丽
价格：$$$
ABV：13.5%

表现慷慨的话，这款迷人的白葡萄酒是适合带到晚宴派对的完美礼物，在各个方面都很迷人。瓶子包装看起来很漂亮，当你买葡萄酒当作礼物的时候，你总是会更加看重包装的；而且它并不是特别贵。即刻饮用会很不错，但是如果你拜访的主人选择把它收藏起来，也可以储藏很多年。而如果他们足够友好，当你在的时候把它打开，它是一款有助于促进谈话的酒。一款婉约、优雅、有质地的霞多丽酒，完美地驳斥了橡木味的澳洲水果炸弹的陈词滥调，以及近些年来澳大利亚葡萄表现不佳的偏见。最重要的是，它恰巧美味可口，完美结合了丰醇、奶油味和坚果味，酸度清晰而净爽。

配餐：这款通用的葡萄酒（另外一个作客时随身携带它的原因）能很好地和鱼、白肉，以及丰醇的奶油沙司相搭配。

经济型的迷人酒款

孔德里约，法国罗讷河谷北部最著名的白葡萄酒，价格非常昂贵。但是这款极其有表现力的替代品，用同一葡萄品种维欧尼酿制，有着相同的多汁，熟杏和金银花风味特色，非常迷人。价格低廉，包装也很精致。

Domaine Les Grands Bois Viognier
法国，罗讷产区
14% ABV $ W

带着红酒的客人

如同沙朗酒一样，这款红葡萄酒看起来就是馈赠的角色，允许你拜访的主人选择是储存它几年还是在晚宴时立即分享。在任何一种情形下，这都是一款有吸引力葡萄酒，柔和而优美的添普兰尼洛酒，有着充足的果味，显著的酸度，以及橡木的辛辣味。

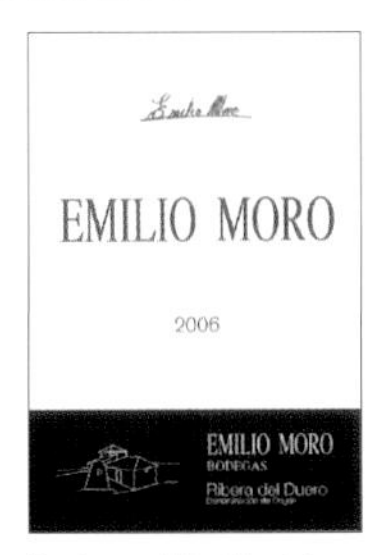

Bodegas Emilio Moro
西班牙，杜罗河岸
14% ABV $$ R

甜蜜的礼物

葡萄孢菌（全名是*Botrytis Cinerea*）是一种真菌，它生长在甜酒产区的葡萄上，浓缩糖分和风味，通常被称为贵腐。这款经典的澳大利亚菌孢黏酒有着强烈橘子酱和大麦糖风味，不管你在不在场，对你拜访的主人来说都是令人愉快的。

De Bortoli Noble One Botrytis Semillon
澳大利亚，新南威尔士
10% ABV $$ SW

分享起泡酒

你有一个麻烦，带着冷藏好的葡萄酒将会促使你拜访的主人在你到达的第一时间就去打开这瓶香槟酒。你不想错过它与众不同的魅力，迫切想讲述有关它的小细节：香槟酒的三个葡萄品种中，它是用高比例，最不知名的莫尼耶品乐酿制的。

Aubry & Fils Premier Cru Brut NV
法国，香槟
12% ABV $$$ SpW

96 除夕

法国东北部香槟地区那些聪明的人，完全占领了庆典和喜庆葡萄酒的市场；凯旋的体育明星喷酒的酒液，用作婚礼庆贺的祝酒。所以，对于我们大多数人来说，年底的派对已经变成香槟的同义词了。麻烦是，不是我们每个人都能够承担得起，即使是最便宜香槟酒的价格，特别是如果我们主持一个派对需要供应很多瓶葡萄酒。（说实在的，当然有些刻薄，便宜的香槟酒是世界上最没意思的酒精饮料。）幸运的是，香槟不再是高品质起泡酒的垄断产品，如果你用来祝福“友谊天长地久”的美酒一定要有气泡，你可以从来自全世界的一系列选项中去选择。当新的一年开始的时候，在这个全球的人们都共同庆祝的节日（你可以想象一下在各个时区午夜来临时开香槟的“砰砰”声），此时你可以用任何一个你能找到的葡萄酒生产国家的酒品来拥抱国际主义精神。

“新年伊始，希望朝我们微笑，悄声愿许着一个更幸福的明天。”

——艾尔弗雷德·丁尼生勋爵

JACKY BLOT TRIPLE ZÉRO

产地：法国，卢瓦尔谷，蒙特鲁伊
风格：起泡白酒
葡萄品种：白诗南
价格：$$$$
ABV：12%

起泡酒的酿制遍布法国，标注为crémant, blanquette或者petillant。不像顶级香槟酒那样霸气和权威，但是这款来自卢瓦尔最好的静止酒生产商的白诗南起泡酒杰克·布洛，几乎可与香槟媲美。它的名字显示这款酒是重干型的：从收获到发酵、装瓶，没有加入任何糖分。非常纯粹，清澈，富有活力，就像能想象得到的最新鲜，最成熟，最美味的青苹果。

配餐：尝试用它搭配油炸的鱼丸——英国风格的炸鱼和薯条，或者日本的天妇罗。

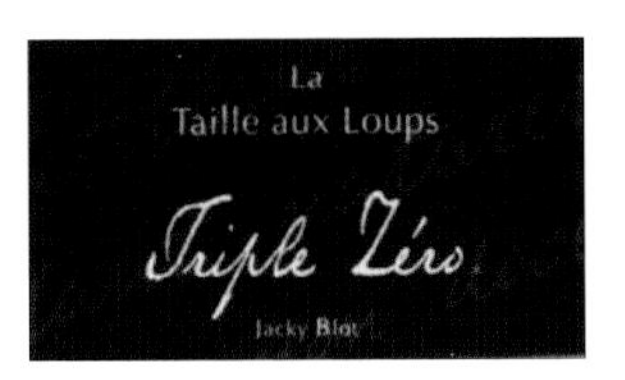

南非酒款

南非起泡酒用传统的香槟技术酿制，气泡来自于瓶中的二次发酵，被称为“开普经典”。用霞多丽和黑品乐葡萄酿造，以一个转变为开普起泡酒酿制者的匈牙利移民命名，这款酒卓越，高质，丰醇，充满清新脆爽的水果风味。

Pongrácz Brut
Méthode Cap Classique
南非
12.5% ABV $$ SpW

北美酒款

加利福尼亚卡斯内罗的著名西班牙起泡酒生产商菲斯奈特，已经成为北美起泡酒市场最值得信赖的名字。这款高价值的葡萄酒脆爽，风味极佳，有着柑橘和苹果风味。

Gloria Ferrer Sonoma Brut
美国，加利福利亚
12.5% ABV $$$ SpW

南美酒款

我们南美地区以外的人过去常常把智利和阿根廷作为该洲葡萄酒的代表，但是巴西的起泡酒更胜一筹。这款酒来自这个国家的最大的生产商，有着简单的多泡乐趣，带有浓烈的草莓和红醋栗风味。

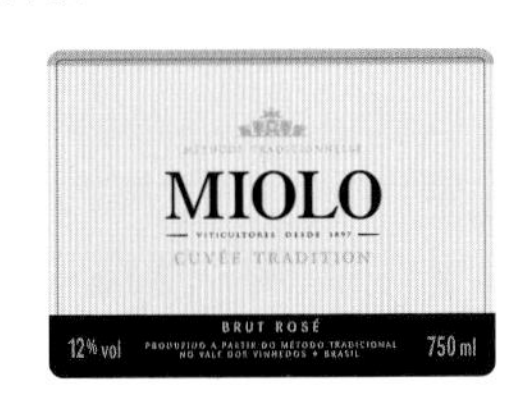

Miolo Cuvée Tradition Brut Rosé, Rio Grande do Sul
巴西
12% ABV $ SpRo

澳大利亚酒款

用于酿制起泡酒的葡萄更喜欢相对凉爽的气候，这有助于保持葡萄的酸度，给予成酒新鲜感。所以，这就不令人感到奇怪了：澳大利亚最凉爽的地区之一，塔斯马尼亚岛，在这个风格的葡萄酒上取得了巨大的成功。这款酒由霞多丽和黑品乐混合酿制，新鲜、清冽，混合了新鲜水果和法式糕点风味。

Jansz Premium Cuvée Sparkling Wine
澳大利亚，塔斯马尼亚岛
12.5% ABV $$ SpW

97 90岁生日

当你环顾四周看着所有那些出现在今晚派对上的人，你一直都在思考，就像莎士比亚笔下的一个七岁小男孩。今晚的派对上有代表各个年龄层的演员：“又哭又闹”的重孙，舒服地“挺着个大肚子”的你的孩子，以及你的朋友们，进入“瘦弱并且穿拖鞋的傻老头”（或者有松紧带的丝绒运动服）的人生第六阶。不可避免地，当你完成雅克的“全世界是一个舞台”，来自《皆大欢喜》的独白（至少在你的想象当中，你的声音仍然洪亮，还没有带来孩子气的高喊，尖叫和口哨），你开始询问你在哪里。在这样一个辉煌的年龄，一切都很融合，你的生活与吟游诗人的计划完美一致。好吧，你露出一个贪婪的微笑，显然你已经用你自己的方式演绎过了爱人和士兵的角色，但是你现在离生命的第七阶还有多远呢？在90岁的时候“返老还童”？事实上，重孙是唯一会觉得你的笑话好笑的人；并且你也确实“没有牙齿”了；但你并不是“没有品位”。毕竟，你有年轻时没有的知识，耐心和经历去欣赏这款有历史意义的葡萄酒。今晚也没有其他能与之对等的酒了。这就是你为何偷偷把它带到后台，悄悄地独自一人把它喝完；它太棒了，不能浪费在那些没有足够智慧的人身上。如果这看起来有点孩子气，就随它去吧。不管生命有几阶，你只活一次而已。

“世界是一个舞台，所有的男男女女不过是一些演员；都有下场的时候，也都有上场的时候；人的一生中扮演着好几个角色，他的演出分为七个阶段。”

——威廉·莎士比亚
《皆大欢喜》

HENSCHKE HILL OF GRACE

产地： 澳大利亚，伊甸谷
风格： 强劲的红酒
葡萄品种： 西拉
价格： $$$$$
ABV： 14%

如果你认为澳大利亚的葡萄酒业是一个年轻的产业，那么这款葡萄酒将证明实际情况与此相反。由翰斯科家族酿制，来自澳大利亚南部伊甸谷的一座葡萄园，在那里最古老的一片葡萄树被誉为“葡萄树祖先”，据说种植于19世纪60年代。如今，这款葡萄酒已经达到了国家珍宝的地位和价格，这是通过半个多世纪以来展示出的高品质赢得的。这是一款红葡萄酒，我曾在一些场合下品尝过，糅合了力度和深色水果的深度，有着典雅的质地。这与其他任何来自澳大利亚南部的葡萄酒都不一样，随着时间的推移，它越发显得优雅，就像它名字所显示的那样。

配餐： 和这款酒一样典雅的是它的芳香和柔滑的质地，含有单宁和酸度，是红肉类食物的最佳搭档。

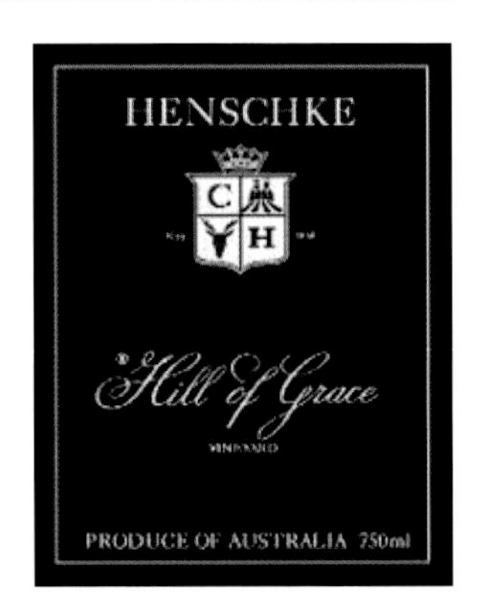

历史酒款

约翰尼斯堡酒庄是世界上最古老的葡萄酒生产商之一，早在12世纪就开始了它的产业，是最古老的雷司令酒专家，早在18世纪就已经全部转向生产这种葡萄。当前，在走向复兴的挣扎中，酿制这款令人愉悦，美味，典雅的半干白酒，带有桃子，酸橙和柑橘风味。

Schloss Johannisberg Riesling Feinherb QbA
德国，莱茵高
12% ABV $$ W

奢华的陈酿酒

黄葡萄酒，非加强型干白酒，像雪利酒一样在酒桶里的一层酵母菌下发酵成熟，形成坚果和澳洲青苹风味。来自法国东部汝拉夏龙堡酒庄的让·马克莱葡萄园。这是一款因它的长时间陈年能力而卓越不凡的葡萄酒，在葡萄收获后十年一跃成名。

Jean Macle Château Chalon
法国，汝拉
14% ABV $$$$ W

第二童年

充分享受你的第二童年，就试试这款“博若莱遇见勃艮第”的佳美和黑品乐混合酒，由一个具有历史意义的生产商酿制而成。充满力度和乐趣，当它仍然处于年轻的萌芽时期，红色果实风味处于最让人陶醉的时刻，饮用效果最好。

Louis Jadot Les Roches Rouges Mâcon Rouges
法国
12.5% ABV $ R

一款莎士比亚的雪利酒

威廉·莎士比亚是出了名的喜欢雪利酒，他的《亨利四世第二部分》里的角色福斯塔夫赞美雪利酒有多方面的好处。这款珍贵的30年陈酿雪利酒，连同它的莎士比亚作品名，福斯塔夫一定也有兴趣。有着咸坚果焦糖和一袋刚打开的混合干果风味。

Williams & Humbert As You Like It Amontillado Sherry
西班牙,赫雷斯
20% ABV $$$ F

钻石婚纪念日

餐桌看起来多特别啊。这是来自所有那些蜡烛的光，呼应着餐具、酒杯的光泽和所有人的目光，让今晚在这里的所有尊贵的客人惊叹。“一个闪闪发光的场合，”你想，这听起来多么幼稚和过时：你不是肯尼迪-杰奎琳；这也不是社交舞会。你的大脑被“闪闪发光（sparkle）”一词绊住了一会。你喜欢它的发音，让它在你的内耳里来回滚动。“我们的婚姻一直闪闪发光吗？”你问自己。或许你刚好足够幸运找到了对的人，有些人甚至在最困难的时候，是的，让我们再次使用那个词吧——让你的生活闪闪发光。今晚和大家一起分享这瓶起泡酒吧，它和你今晚的感觉一样晕眩和迷人。来自这个地区最好的生产商，它的品质确定与它的价格相配，细致，风味悠长——香槟。是的，你也喜欢这个词的发音：香槟、钻石、《丽兹大酒店》。

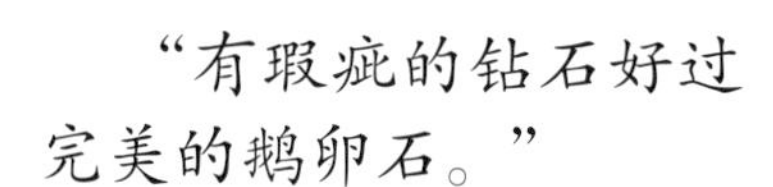

“有瑕疵的钻石好过完美的鹅卵石。”

CHAMPAGNE SALON CUVÉE "S" LE MESNIL

产地：法国，香槟
风格：起泡白酒
葡萄品种：霞多丽
价格：$$$$$
ABV：12.5%

昂贵，稀有，需求极大，沙龙香槟是世界上最棒的葡萄酒之一。只用勒梅斯尼地区的特级葡萄园村庄中特定葡萄园的霞多丽葡萄酿制。沙龙酒只在最好的年份酿制，大概十年三次。每一位葡萄酒爱好者都该试试它的极度精细和竖琴般的优雅。还有什么时间会比今夜更合适的？

配餐：不仅仅是作为开胃酒，它能够和鱼，家禽，或者奶油汁蘑菇搭配得很好。

不那么贵的闪耀酒

用最高等级的布兹特级葡萄园村庄生产的葡萄酿制的葡萄酒，品牌却不那么出名，这是周围最高品质的香槟酒之一：富含石头和红色果实风味，以及奶油糕点味，惊人地清爽，就像所有的好的香槟酒一样。

Champagne Barnaut Grand Cru Réserve
法国，布兹
12% ABV $$$ SpW

雷司令酒的明星

近十年来小型生产商的崛起导致了香槟酒生产格局的改变，小的生产商用他们自己种植的葡萄酿制葡萄酒，而不是卖给更大的生产商。欧歌利屋是最好的香槟自酿农之一，这款酒展示出其浓烈的香气，自由流畅的风格带来极佳的饮用效果。

Champagne Egly-Ouriet Brut Tradition Grand Cru
法国
12.5% ABV $$$ SpW

钻石晚宴白酒

来自摩泽尔谷心脏地带的一个生物动力学生产商，这款干型雷司令葡萄酒有一种天然的生动魅力，带有酸橙和桃子风味，以及矿物质风味，刺激味觉、思想和交流。

Clemens Busch Estate Riesling
德国，摩泽尔
11% ABV $$ W

钻石晚宴红酒

来自生产强劲、结实的红葡萄酒的地方，这是一款用歌海娜和西拉葡萄混合酿制的清淡红酒，流畅而易饮。类似克莱门斯·布兹雷司令酒，它感觉非常自然。标签上的图片不可能更贴切了。

Mas Coutelou Classe
法国，朗格多克
13% ABV $$ R

99 新年

对于我们大多数人来说，如果除夕是最大的派对，则必然导致新年这一天的宿醉。所以，你需要紧急寻找解酒药作为新的一年的开始。强力的黑咖啡和油炸食物；放松地浸泡在浴缸中；一场没有争议的电影；在户外一次令人振奋的散步，所有的方法都要尝试，会带来不同程度的功效。听从医生的建议和身体发出的信号：今天不是一个喝葡萄酒的日子。确实，许多人把一月一号看成是节制各种酒类产品的开始。然而，我们中的其他人，知道在除夕不能纵欲，又或者相信以毒攻毒有助于恢复的那类人，在法国东南部罗讷谷南部的醇厚红酒里找到了想要的。温暖，饱满的多个葡萄品种的混合酒（大体上包括歌海娜，西拉和慕合怀特），这些葡萄酒通常有草本特征：迷迭香，百里香，法国人称之为*garrigue*，让人想起阳光照射的普罗旺斯的山地，在阴冷的隆冬扮演着夏天的使者，为葡萄酒增添（可能是错觉）药物香气。

“我恳求他们再让我和我的同伴喝一口昨晚那支酒，它一整晚都印在脑海中。”

——约翰·海伍德

CHÂTEAU ST.-COSME GIGONDAS

产地：法国，罗讷
风格：强劲的红酒
葡萄品种：混合
价格：$$$
ABV：14%

靠近教皇新堡的葡萄酒或许更加著名，吉恭达斯产区也一样具有历史意义，能够生产每一滴都很好的葡萄酒，并且通常价格非常合适。圣·科姆酒庄的葡萄酒传统而经典。业主兼酿酒师路易斯·巴罗尔有着葡萄酒的血脉：他是在这个家庭产业里工作的第14代传人，酿制的葡萄酒偏向传统，有着劲爽的胡椒和野生香草味道，以及浆果风味。

配餐：慢烤的羔羊肉，配大蒜和橄榄以及迷迭香，与这款酒的芳香很协调。

街角商店的治愈酒

贴着罗讷产区标志的葡萄酒可以用来自整个罗讷谷的葡萄进行酿制，是葡萄酒世界里最好的低价酒。这款优质的红酒是该地区最畅销的葡萄酒之一，来自受人尊敬的吉佳乐世家，多汁而生动，同时结实、辛辣。

E. Guigal
Côtes du Rhône
法国
13% ABV $ R

高端市场的解药

罗讷南部最棒的葡萄酒之一，这是在最古老的葡萄园并且只在最佳年份才会酿制的葡萄酒。饱满，浓厚，像巧克力一样，并且带有辛辣味，完全配得上博卡斯特尔的雅克名称，用来庆祝新年伊始。

Château de Beaucastel
Hommage à Jacques Perrin,
Châteauneuf-du-Pape
法国
14% ABV $$$$ R

软着陆

品质始终如一的彭福尔德酿制各种价位的出色葡萄酒，直逼澳大利亚最著名、最贵的红酒格兰杰。这款受罗讷产区启发的豪华混合酒有着生产商标志性的协调感，以及活力惊人的黑色水果风味。

Penfolds Bin 138 Grenache/hiraz/Mourvèdre
澳大利亚，巴罗萨谷
14% ABV $$ R

血玛莉酒的成分

这款有咸味的来自圣路卡海岸的雪利酒，添加到用番茄汁和伏特加调制的血玛莉酒，经典的宿醉恢复鸡尾酒，能增加酒的深度，就像炖菜里添加的高汤。你也可以选择单独饮用它，就其本身而言，冷藏后就是一款不错的提神酒。

La Gitana Manzanilla Sherry,
Sanlúcar de Barrameda
西班牙
15% ABV $ F

宿醉恢复

大多数人都试图让自己信服：酒精最多导致暂时麻木的宿醉症状。目前的医学研究表明，找到一种万能恢复药基本是一件愚蠢事。当然，最有效的预防方式是尽量避免纯粹的令人遗憾的商业应酬；其次好的方法是可选择用一杯水代替一杯酒。但是如果这建议对你而言来得太晚了的话，最明智的举动，就像医生建议的那样：在床上躺着吧。

100岁生日

一百岁，这听起来几乎令人难以置信，一个世纪。你被围绕着足够久，现在开始知道这种划时代的事从宏观上看并不意味着什么（甚至现在，你都不十分确定，在生命中，计划对任何一件事都如此有帮助，甚至是一件简单的事）。人们一直告诉你，活到这个年龄是多么了不起，好像你把这一切放在心上，一心一意追求它似的，就像跑一场马拉松或者做一些科学的突破。你想要告诉他们，事实并不是那样，你感到幸运和幸福，并不是因为技巧，精明，或者强烈的意愿。你的年龄没有让你成为某种异类或者有魔力的种族：你和其他所有人都一样，只不过暂时活得时间更长一点罢了。“不要为小事烦恼”，这不就是孙辈们的书里说的吗？他们把它叫什么来着，励志书？现在你需要去找到一瓶和你一样长寿的葡萄酒。一百岁之久远，依旧闪烁着光芒：马德拉年份酒。

“最终，真正重要的不是生命里的岁月，而是岁月中的生活。”

——被认为是亚伯拉罕·林肯所说

BLANDY'S VERDELHO VINTAGE MADEIRA

产地： 葡萄牙，马德拉
风格： 加强酒
葡萄品种： 华帝露
价格： $$$$$
ABV：21%

加强酒马德拉陈年和其他葡萄酒都不一样，你也许未必能找到一款能精确匹配你年龄的葡萄酒，通过经纪人的帮助，你应该能够找到这款来自几十年前甚至更久远葡萄酒的年份酒。我最近品尝了1822和1952年的卓越的布朗迪华帝露年份酒，这次经历不仅仅是出于对历史的兴趣，更是因为对酒的兴趣：香气浓郁，依旧精致而活力惊人，茉莉花茶的香气，以及榛子和干橘皮风味。

配餐： 你手边的和你最喜欢的食物就可以搭配它。

更加丰醇的酒

布尔酒比特兰特兹酒或华帝露酒更为丰醇，呈现出糖蜜，焦糖，无花果，大枣等各种风味；马德拉酒并不会促成一位诗人。我个人品尝过的这款酒最久远的年份是20世纪50年代，但我听说过有人尝过1908年的。

Cossart Gordon Bual Vintage Madeira
葡萄牙
14% ABV $$$$$ W

一款德高望重的异国珍品酒

特兰特兹是最罕见的用于酿制马德拉酒的葡萄，对许多人来说，它也是最受喜爱的。将典雅、粗糙、醇厚和强劲的酸度相结合。从各个方面来说，巴贝托的1795款（是真的）是令人兴奋的。我试过1950年款，很少的一滴都值得回味几个小时。

Barbeito Vintage Terrantez Madeira
葡萄牙
18.5% ABV $$$$ R

小预算的马德拉酒

如果你没那么宽裕，或者如果你只是简单地不想为寻找稀有的葡萄酒而费心，恩里克斯&恩里克斯系列陈年马德拉酒品质始终如一地卓越，并且轻易就能被找到。玛尔维萨酒甜美奢华，有着焦糖和淡淡烟味的摩卡风味。

Henriques & Henriques 15 Year Old Malvasia Madeira
葡萄牙
20% ABV $$$ F

热身酒

在享用丰醇的马德拉酒之前，尝试来自一个创新生产商酿制的活跃味觉的干白酒。相对于葡萄牙青酒而言，酒体和重量更为突出，还有该地区的多变特性。它的橘属（柠檬，酸橙，橘子）和白桃风味令人激动。

Anselmo Mendes Vinhos Muros de Melgaço Alvarinho, Vinho Verde
葡萄牙
13% ABV $$$ W

热量：陈年的秘诀？

好的马德拉酒非凡的陈年能力归因于一种非同寻常和有独创性的酿制技术。它可以追溯到18世纪，马德拉地区的生产商注意到他们的葡萄酒被热带地区的远程航运所改良。回到马德拉之后，他们决定在酒厂模拟这个过程，将酿制葡萄酒的酒桶放到有太阳照射的阁楼上好几年。这个系统（*canteiro*）现在在酿制最好的葡萄酒过程中仍然被使用。其他葡萄酒在用热水管加温的房间进行陈年，称作加热槽法（*estufas*）。

第二部分：如何选购、储存及侍酒

如何在葡萄酒商店里选酒

在世界上大多数地方，葡萄酒的销售主要在超市。在欧洲，大约有80%的葡萄酒从大型食品杂货店销售出去；而在美国，一些州不允许食品杂货店出售葡萄酒，依然有超过一半的葡萄酒通过这种渠道销售出去。原因十分简单：方便。通常每个星期我们都在同一个地方购买所需的生活用品，特别是当其他商店的价格看起来会更贵的时候，当然不会自寻烦恼再去寻找其他专门卖酒的商店。

事实上，有许多理由能够解释为何你在买葡萄酒的时候想要避开超市。首先就是服务。在普通的特大购物中心巢穴状的室外车库里，葡萄酒通常被叠成恐怖的酒墙，选择的途径就是那些提供很少信息、不那么可靠的货架卡，少有超市配备训练有素的人来帮助你作出对葡萄酒的选择。

与之相比，在大多数专业酒品商店，所有员工都可以为你提供选酒服务，如果有要抱怨的话，便是他们太过热心了。曾经葡萄酒商人傲慢的表情会让人觉得“如果你询问价格，则表示你消费不起”，如今这种状况已经成为过去，大多数葡萄酒商店的雇员都像肩负使命般热忱，努力让更多的人喝到更多有趣的葡萄酒。他们已经成为葡萄酒商店不可或缺的一部分，在我们选酒的时候扮演着积极的角色。他们通常不会用高人一等的口气对你说话，他们知道友好并且有帮助的个人服务是一种强有力的武器，这武器是他们在这场与超级市场和其他折扣商店战斗中的法宝。

专业酒品商店的另一个武器便是葡萄酒的质量和价格。并不是说每一个专业酒品商店都有比超级市场更好的葡萄酒；当然有差的专业商店和好的超级市场。但广泛归纳起来说，一个专业酒品商店有更多的灵活性去列出更多让人感兴趣的葡萄酒。这是一个规模的问题。超级市场和折扣商店倾向于从大的葡萄酒供货商那里购买大量的葡萄酒，这样容易管理供应链；这也意味着供货商们提供的是尽可能多的同款葡萄酒，并且购买大批葡萄酒有助于得到更优的价格（你可能永远得不到这种优惠）。与此同时，世界上绝大多数的最为可口、有趣的葡萄酒是由小生产商生产，或都是由大型生产商少量生产。只有在非常罕见的情况下，这些葡萄酒才会被送到超级市场。

小规模产品其实并不一定意味着高昂的价格，然而，常规的思维方式还是把我们

在超市或者折扣商店购买葡萄酒是很恐怖的，许多葡萄酒简直够不着

大多数人带去了超级市场——那儿的产品比其他任何地方都要更便宜。事实上，超级市场可以提供最便宜的葡萄酒，但是这并不意味着他们提供品质最好的葡萄酒；同时专业酒品商店也不一定比超级市场更加昂贵。归根结底还是超级市场通常使人产生了通过挑选诸多品牌得到低价的错觉，似乎以可能最低的利润进行销售，加以轰轰烈烈的宣传，感觉让消费者得到最大优惠。现在你可以试试专业酒品商店，利用网络进行价格比对，例如www.snooth.com或者www.wine-searcher.com，要多加关注它们现在的价格，而不是过去的价格是什么样子。

通常情况下，专业葡萄酒商店会提供最高性价比的葡萄酒，问问周围的人，或者通过网络信息和社交媒体，找到你的所在地区内专业的葡萄酒零售商。首先，把你的预算告诉他们，比如与超级市场同样的消费金额。然后，告诉他们一些之前你非常喜欢的葡萄酒，让他们对你的品味有所了解。最后，告诉他们你将要用来配酒的食物。如果这个商人是称职的，你将很有可能成为他们的回头客，并且再也不去超级市场买葡萄酒。

如果你不得不站在葡萄酒墙之前，记住这些挑选出最佳葡萄酒的简单技巧。首先避免在不熟悉的品牌上做奢侈的消费，减价促销的原本的价格几乎都是虚高的，葡萄酒的真正的价值可能就是打折后的那个价格。第二点就是不要回避自有品牌的葡萄酒，这些品牌也许看起来并不那么讨人喜爱也并不那么包装精美，但它们通常代表着店里最好的品质，并且有时由声誉极高的生产商生产（尽管你需要去细看印在标签背后的小字以找到答案）。最后，如果你准备购买确定品牌的葡萄酒，购买之前，需要到网店去核对一下价格。交易在不同的平台上进行，通过比较你可以少花很多冤枉钱。

在专业的葡萄酒商店购买葡萄酒的优势之一，就是知识丰富的职员能够帮助你选择

如何在餐馆中选酒

说起对挑选葡萄酒的恐惧，在脑海中总是盘旋这样的场景。傲慢的男酒侍放上一本篇幅堪比《芬尼根守灵夜》或者《无尽的玩笑》之类的酒单在你的桌子上。五分钟之后，他返回来，挤眉弄眼，评定你的支离破碎的无趣发音，无论你选的是哪个类型，他总会说“有趣的选择，我明白了，我想夫人一定不需要醒酒器吧”。这种语气显然在表明在他的精确的品味和你不可救赎的粗俗无知间有着巨大的差距。难怪我们中的大多数，料想到会有这样丢脸的情形，便求助于经典，选择酒单上的第二便宜的葡萄酒，“好吧，虽然在这一点上我们赢不了，但是至少我们的选择不是这里最便宜的”。

不过，如今的状况完全不一样了。在大多数的餐厅里，酒侍会呈上一本篇幅合适的酒单，以免使你难堪或不适。他们或他们的老板很明显不会再用任何方式使他们的顾客感到不安。很少会有人进入服务行业是为了表达他们的反社会倾向。正如大多数医生不会在离开诊室时，在他们的同行面前取笑你的尴尬一样，大多数酒侍不会就你对葡萄酒认识的缺乏和对酒名的无知而互相说笑。事实上，酒侍们只是在做着自己的工作，因为他（她）喜欢葡萄酒并且想要分享对酒的那种激情。他们愿意帮助你，换句话说，乐于找到适合你的那款葡萄酒。

如果你曾经为酒单感到纠结，那么，你真的不需要为利用酒侍的知识而感到羞愧。你想要如何选择，你的决定完全取决于你自己。告诉酒侍你的预算，告诉他们你想要吃的东西，请他们挑选出与食物最搭配的葡萄酒。或者你可以请他们就某种你所知道的，或者你之前所喜欢的葡萄酒风格上提出一些可供参考的建议。这是一个窍门，对于饮用葡萄酒的老手就更为有效，毕竟，没有人对一个餐厅葡萄酒的了解比一个在里面提供服务，甚至曾经购买过的人更深。

当然，许多餐厅并没有雇佣酒侍。在这种情况下你大概就会抓瞎了，尽管一个没有酒侍的餐厅不太可能有像砖头一样厚的酒单，你仍然会为选择感到茫然。最好的建议就是遵循在专业葡萄酒商店买酒的基本原则，你可以让你的智能手机去扮演酒侍的角色。搜索两三个网页后，你就能够发现关于世界上几乎所有葡萄酒或者葡萄酒风格的信息。

通过酒侍的帮助，找到酒单中适合你的酒款，会让你充分享受葡萄酒

也别把事情弄得太复杂。订购餐厅里的葡萄酒与订购食物真的没什么不同。就像并非每一次的食物选择都是成功的一样，葡萄酒也是如此：有时候你选对了，有时候你选的是错了。即使是在你作出选择之后，如果你不喜欢的话，你还是可以将它退回。甚至在最怪异、最傲慢的餐厅，顾客都是永远正确的。

轻松选酒的秘诀

1. 生产商最重要

区域、产地，或者葡萄品种的信息都可以使你了解葡萄酒的大致风格，而生产商通常是一个更加可靠的质量指示器。如果你发现一款你喜欢的葡萄酒，记下标签上生产商的名字。通常，你也会喜欢他出产的其他酒品。

2. 年份不是一切

葡萄酒商人和新闻趋向于着力渲染葡萄收获期，这给人一种酿制于某一特定时间的葡萄酒在质量上水平相同的印象。好的生产商能够在最丰收的年份里酿制出好酒，而差的酿造商不管环境如何，都会酿制出不起眼的葡萄酒。在不那么好的年份里，你喜欢的生产商的葡萄酒可能不会像你记忆中的那样浓烈或者生动；但是通常对于最棒的生产商来说，不同的年份里的区别更多的是特性上的差异，而非质量上的差异，好的葡萄酒在“差”的年份里通常也能提供最佳的品质。

3. 家酿酒很可能比清单上第二便宜的葡萄酒更好

许多餐厅把他们的家酿酒当作展示品——他们的形象大使。它通常都会是消费者的正确选择。确切地说，它并不是上佳之选，但是第二便宜的酒品因为很少受关注，因而质量都不高，价格也不那么便宜。

4. 爱上你的邻居

葡萄酒产地的声誉在价格上起到了重要作用。当酒是来自于该地区顶级生产商的时候，这种声誉的作用可能是公正的，而其他生产商的出品可能只是搭顺风车，你倒是可以看看酿制同样风格葡萄酒的附近地区好的生产商。例如来自吉诺斯酒庄（并不是桑塞尔）的卢瓦尔长相思酒，或者来自克罗泽埃米塔日（并不是埃米塔日）的西拉酒。

5. 按照葡萄酒地图进行探索

使葡萄酒颇具特色的原因之一，也是颇具争议性的一点，就是酒能反映出独特的风土、气候、酿造地的酿造传统。无论你是在哪里买的酒，都应该看一下地图去了解它来自哪里。一瓶接着一瓶。你将会很快明确各个地区的味道，就像环球旅游一样。

埃米塔日的高山产出极佳的葡萄酒，但是那些来自克罗泽–埃米塔日的酒可能有更棒的品质

如何储存葡萄酒

在大部分情况下，一旦你购买了葡萄酒，“如何储存葡萄酒”这个问题，是不会出现的，因为绝大多数葡萄酒在一两天内被饮用，并且大多数葡萄酒在开瓶后都不能保存一两年以上。有些葡萄酒在陈放一些年后品质会得到提升（或者说至少有一些人会发现其中的乐趣；并不是每个人都喜欢陈年葡萄酒的味道）。如果你计划储存你的葡萄酒更长一段时间，有一些问题需要考虑，以确保它仍然对健康有所帮助。

储存葡萄酒两个最大的敌人就是极端的温度和强光，所以寻找一个有着始终如一凉爽温度（10～15℃）和适宜的湿度的阴暗处就显得很重要。虽然我们中很少有人拥有这样一个对环境要求严格的传统酒窖，但为了保持葡萄酒的品质和美味，我们必须这么做。

如果你只打算储存三两瓶葡萄酒的话，在远离电暖器或者其他热源的橱柜底部或

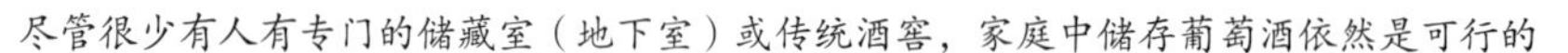

尽管很少有人有专门的储藏室（地下室）或传统酒窖，家庭中储存葡萄酒依然是可行的

者床下就可以，但是不要放在高的架子上。如果你的收藏品比这些更多的话，一台旧的冰箱也就可以了，尽可能把温度调到12～13℃。如果要求更严格些的话，就需要配备一台专业的葡萄酒冰箱，可以储存33～80瓶葡萄酒，可以设置成模仿传统酒窖环境，调控在最佳湿度。

无论葡萄酒储存在哪里，如果酒瓶是用软木塞密封的话，记得一定要将酒瓶卧放，以防止软木塞干燥而裂开，否则酒瓶就达不到密封，瓶内的酒将会很快变质。

最后，如果你已经花费了大量金钱购买了准备长期储存的葡萄酒，并且你不确定为储存葡萄酒找到了正确的环境，许多葡萄酒商人都会提供地窖储存服务，只需要很少的一点费用，就能确保你的葡萄酒保存在完美的环境里。如果储存过程中酒瓶被损坏的话，葡萄酒商人还会提供更换或者补偿。

如何侍酒

温度

没有人会在一个绝对精确的温度下喝茶或者咖啡，每个人饮用一杯葡萄酒的喜好温度也有所差别。大体上是有这样的趋势，即饮用白葡萄酒的温度偏凉一些，而饮用红葡萄酒则是在比较温暖的状况下。

总的来说，起泡酒、轻柔的新鲜白葡萄酒、桃红酒，以及轻柔的加强酒，例如菲诺雪利酒这样的极佳的新鲜葡萄酒，在低温下饮用会比较美味。饮用前可以在冰箱里冷藏几个小时；如果时间很短，就将酒瓶放置在一个装满冰块的冰桶里。

对于饱满和新鲜的白葡萄酒、桃红葡萄酒，以及甜酒，太长时间的冷凉会使芳香、风味以及质地产生质变效果，所以在喝之前要将它们拿出冰箱放置一段时间。不过即便从冰箱取出后就立即享用也不会非常糟糕，不管怎样它们都在你的杯子里逐渐升温。

轻柔的红酒（比如10款低酒精度红酒，238页），强劲的桃红酒，丰满的加强酒（例如雪利酒），醇厚的白酒，最好在带着一点凉的时候饮用。可以放在冰箱里冷藏半个小时左右来强化它们的新鲜品质，特别是在夏天。

最后，强劲的红酒和加强酒适饮温度最高。但是也不要太高，差不多在16℃，即在中央暖气系统发明之前的房间里的温度。一旦葡萄酒加热超过21℃，尝起来就像是喝汤一样，失去它们的清新和诸多特色。

换瓶和呼吸

使用醒酒器的原因主要有三个。首先，换瓶可以使它在桌子上看起来更加迷人。第二，当一款葡萄酒，尤其是陈年、未过滤的红酒，已经积累了无害的沉淀物，使用醒酒器可以使你避免将沉淀物倒入杯中。第三，给葡萄酒一点氧气，来软化它的单宁，并唤醒它的芳香和风味。醒酒器有一个长长的瓶肩，在一个尽可能高的点倾倒葡萄酒将会加快这个进程，并使之更加彻底，当葡萄酒瓶逐渐空掉的时候，会在醒酒器里听到温柔的汩汩声。葡萄酒作出积极响应，强劲单宁含量高的红酒（包括加强型红酒）的反应更为显著，丰满的白酒和起泡酒同样如此。一些人想简化这个过程，只是简单地在饮用前拔掉软木塞一两个小时让它“呼吸”。然而，这样做的效果微乎其

暴露在空气中的葡萄酒唤醒它的芳香和风味，并且软化了质地。这仅仅是换瓶的原因之一

微，因为葡萄酒接触氧气的表面是如此之小。

玻璃杯和倾倒

有些葡萄酒爱好者对于玻璃酒杯的使用近乎偏执。事实上，对于饮用葡萄酒，大部分的葡萄酒杯都是适用的。也有一些公司比如澳大利亚玻璃杯制造商里德尔，供应各种特殊风格的专业葡萄酒玻璃杯。我倒并不认为，选用不同的玻璃杯会在饮用体验方面产生巨大差别。一款波尔多葡萄酒会配有特定风格的玻璃杯，但确实没有必要为各种酒款花钱购买整套葡萄酒杯，尽管许多受人尊敬的葡萄酒行家是这么做的。

一些特定风格的葡萄酒在某种形状或者尺寸的玻璃杯中比在其他杯中看上去效果更好，这一点被广泛接受。比如香槟，适合长杯身、窄杯口的玻璃杯，这有助于保留其中的气泡。对新鲜的白葡萄酒而言，保持新鲜是最重要的，适合小型玻璃杯。强劲的红酒需要尽可能多地与空气相互作用，则适合加大型玻璃杯。最后，加强酒或者餐后甜酒大多在小杯中效果最好，我们曾经做过测试，这种强劲的酒使用大的玻璃酒杯的话确实效果不那么好。

当然，质量越高的玻璃杯，就能产生越棒的葡萄酒品尝体验。所以在选购玻璃杯

你不需要拥有太多玻璃杯，配备一些适合常见类型葡萄酒的杯子就可以了。这些玻璃杯分别适合以下酒款：

1. 黑品乐
2. 赤霞珠酒
3. 波特酒/雪利酒
4. 雷司令酒
5. 霞多丽酒
6. 西拉酒
7. 佳美酒

时值得好好挑选一下。适当的玻璃杯会使得葡萄酒看起来更加迷人。你所选的玻璃杯最好薄一些，椭圆形，尺寸适合你所喜爱的葡萄酒类型，所有这些会使得葡萄酒全方位展示它的魅力。

不管你的玻璃杯质量如何，按照酒的芳香和风味挑出杯子，倒入三分之一杯，给葡萄酒呼吸和传递芳香的空间。唯一的例外是起泡酒，逃跑的气泡会带走酒香。倒酒时将玻璃杯略微倾倒，就像倒啤酒一样，酒瓶靠近杯顶部倾倒。打开香槟酒时以45°角倾倒瓶身，注意瓶口指向远离你以及任何其他人，用一只手握紧软木塞，另一只手拧动酒瓶底部。

小工具和小装置

不要被各种花哨的葡萄酒小工具和小装置所迷惑，它们中的大多数都是不必要的。这些工具大多都是螺丝锥的变形，事实上最合适的还是经典、简易，以及有效的普通“酒侍之友”螺丝锥。你也可以试试克鲁斯特启塞器，用起来很顺手。到目前为止，在我的经验中，它可以轻松打开任何类型的软木塞，尽管那看起来与普通螺丝锥没太差别。

第三部分：十款酒

如果你打算开始探索葡萄酒的旅程，我可以向你推荐各个类型的各10款酒，包括各种风格和价位。

10款经济型经典红酒

E. GUIGAL / **Côtes du Rhône** / 法国，罗讷河

FONTODI / **Chianti Classico** / 意大利，托斯卡纳

DOMAINE HUDELOT-NOËLLAT / **Bourgogne Rouge** / 法国，勃艮第

COUSIÑO MACUL / **Antiguas Reservas** / 智利，迈波山谷

CHRISTIAN MOUEIX / **St.-Emilion** / 法国，波尔多

ROBERT MONDAVI / **Cabernet Sauvignon** / 美国，加利福尼亚，纳帕谷

CVNE / **Crianza** / 西班牙，里奥哈

BODEGAS SALENTEIN PORTILLO / **Malbec** / 阿根廷，门多萨

GRANT BURGE / **Benchmark Shiraz** / 澳大利亚南部

LA PERLA DEL PRIORAT / **Noster Nobilis** / 西班牙，普里奥拉托

10款经济型经典白酒

DÖNNHOFF / **Riesling Kabinett** / 德国，纳黑

SONOMA-CUTRER / **Sonoma Coast Chardonnay** / 美国，加利福尼亚

DOMAINE CHAVY-CHOUET / **Bourgogne Blanc Les Femelottes** / 法国，勃艮第

HUGEL / **Gentil Classic** / 法国，阿尔萨斯

VILLA MARIA / **Private Bin Sauvignon Blanc** / 新西兰，马尔堡

DOMAINE MOREAU-NAUDET / **Petit Chablis** / 法国，夏布利

FEUDI DI SAN GREGORIO / **Lacryma Christi Bianco** / 意大利，坎帕尼亚

DOMÄNE WACHAU / **Terrassen Grüner Veltliner Federspiel** / 奥地利，瓦豪

CHÂTEAU DE SUDUIRAUT / **Lions de Suduiraut** / 法国，波尔多，索泰尔讷

LOOSEN BROS / **Dr. L. Riesling** / 德国，摩泽尔

10款奢华的红酒

RIDGE / **Monte Bello** / 美国，加利福尼亚，圣克鲁斯山脉

DOMAINE JEAN GRIVOT / **Richebourg Grand Cru** / 法国，勃艮第

VIEUX CHÂTEAU CERTAN / 法国，波尔多，波美侯

MASCARELLO GIUSEPPE E FIGLO / **Barolo Riserva Monprivato Cà d' Morissio** / 意大利

DOMAINE JAMET / **Côte-Rôtie** / 法国，罗讷

GRAMERCY CELLARS / **Walla Walla Valley Syrah** / 美国，华盛顿

HENSCHKE / **Hill of Grace** / 澳大利亚，伊顿谷

BIONDI-SANTI / **Brunello di Montalcino** / 意大利，托斯卡纳

ACHAVAL FERRER / **Malbec Finca Mirador** / 阿根廷，门多萨

MARQUÉS DE MURRIETA / **Castillo Ygay Gran Reserva Especial** / 西班牙，里奥哈

10款奢华的白酒

CHÂTEAU D'YQUEM / 法国，波尔多，索泰尔讷

COULÉE DE SERRANT / **Clos de la Coulée de Serrant** / 法国，卢瓦尔，沙文尼亚

CHÂTEAU GRILLET / 法国，罗讷

SADIE FAMILY WINES / **Palladius** / 南非，斯瓦特兰

TRIMBACH / **Cuvée Frédéric Emile Riesling** / 法国，阿尔萨斯

PIEROPAN / **Le Colombare Recioto di Soave Classico** / 意大利，威尼托

ROYAL TOKAJI / **Mézes Mály Tokaji Aszú 6 Puttonyos** / 匈牙利，托卡伊

JEAN MACLE / **Château Chalon** / 法国，汝拉

DOMAINE LEFLAIVE / **Chevalier-Montrachet Grand Cru** / 法国，勃艮第

JOH JOS PRÜM / **Wehlener Sonnenuhr Riesling Spätlese** / 德国，摩泽尔

10款高品质红酒

WEINERT / **Garrascal Tinto** / 阿根廷，门多萨

BODEGAS JUAN GIL / **El Tesoro Monastrell** / **Shiraz** / 西班牙，胡米利亚

CONO SUR / **Bicicleta Pinot Noir** / 智利，中央谷

CASILLERO DEL DIABLO / **Caberner Sauvignon** / 智利，中央谷

HEDGES / **GMS Red** / 美国，华盛顿，哥伦比亚峡谷

BODEGAS BORSAO / **Garnacha** / 西班牙，博尔哈

VIÑ FALERNIA / **Syrah** / 智利，艾尔基谷

DOMAINE LES YEUSES / **Les Epices Syrah** / 法国，朗格多克

TORRES / **Sangre de Toro** / 西班牙，佩内德斯

PAOLO LEO / **Primitivo di Manduria** / 意大利，普利亚

10款高品质白酒

PRODUCTEURS PLAIMONT / **Les Bastions Blanc** / 法国，圣蒙

VIÑA TABALÍ / **Late Harvest Muscat** / 智利，利马里

TORRES / **Viña Sol** / 西班牙，佩内德斯

DOURTHE / **La Grande Cuvée Sauvignon Blanc** / 法国，波尔多

LAURENT MIQUEL / **Nord-Sud Viognier** / 法国，奥克地区

DOMAINE LES YEUSES / **Vermentino** / 法国，奥克地区

KEN FORRESTER / **Chenin Blanc** / 南非，斯泰伦博斯

DOMAINE TARIQUET / **Classic** / 法国，加斯科涅酒区

CHÂTEAU DU CLÉRAY / **Muscadet Sévre et Maine Sur Lie** / 法国，卢瓦尔

PERRIN & FILS / **La vieille Ferme Blanc** / 法国,吕贝隆酒区

10个款适合配餐的葡萄酒

ANDRÉ DEZAT / **Pinot Noir Rosé** / 法国，卢瓦尔河，桑塞尔

TRIMBACH / **Pinot Gris Reserve** / 法国，阿尔萨斯

D'ARENBERG / **The Hermit Crab Marsanne** / **Viognier** / 澳大利亚，麦克拉伦谷

CEDERBERG CELLARS / **Bukettraube** / 南非，锡德伯格

LA MONACESCA / **Mirum** / 意大利，马泰利卡，维蒂奇诺

SANCHEZ ROMATE / **Fino Sherry** / 西班牙，赫雷斯

BODEGAS OCHOA / **Garnacha Rosado** / 西班牙，纳瓦拉

PLANETA / **Cerasuolo di Vittoria** / 意大利，西西里岛

DOMAINE COUDERT / **Clos de la Roilette** / 法国，博若莱，弗留利

BILLECART-SALMON / **Brut Rosé NV** / 法国，香槟

10款有无食物搭配都能享用的葡萄酒

CERUTTI / **Moscato d'Asti Suri Sandrinet** / 意大利，皮埃蒙特，卡西那斯科

ST HALLET / **Gamekeeper's Reserve** / 澳大利亚，巴罗萨谷

CHÂTEAU DE SOURS / **Rosé** / 法国，波尔多

MT BEAUTIFUL / **Cheviot Hills Riesling** / 新西兰，坎特伯雷

DOG POINT/ **Sauvignon Blanc** / 新西兰，马尔堡

SUSANA BALBO / **Crios Torrontés** / 阿根廷，萨尔塔，卡发亚德

MAS COUTELOU / **Classe** / 法国，朗格多克

WILLUNGA 100 / **Grenache** / 澳大利亚，麦克拉伦谷

CASTRO CELTA / **Albariño** / 西班牙，加利西亚，下海湾

ALVEAR / **Pedro Ximénez de Añada** / 西班牙，蒙蒂拉–莫利莱斯

10款令人激动、非同寻常的红酒

PHEASANT'S TEARS / **Saperavi** / 格鲁吉亚，卡赫基

MANUEL JOSÉ / **Colares** / 葡萄牙

S. C. PANNELL / **Tempranillo/Touriga Nacional** / 澳大利亚，麦克拉伦谷

J. HOFSTÄTTER / **Lagrein** / 意大利，苏提洛–上阿迪杰

DOMAINE DU CROS LO SANG DEL PAIS / **Marcillac** / 法国西南部

DE MARTINO / **Viejas Tinajas** / 智利，伊塔塔谷

GUÍMARO / **Tinto** / 西班牙，加利西亚，里贝拉·萨克拉

CONCEITO / **Bastardo** / 葡萄牙，杜里恩斯酒区

CHÂTEAU MUSAR / 黎巴嫩，贝卡谷

THYMIOPOULOS / **Earth and Sky** / 希腊，马其顿，纳乌萨

10款令人激动、非同寻常的白酒

KOZLOVIĆ / **Malvazija** / 克罗地亚，伊斯特里亚

DOMAINE GEROVASSILIOU / **Malagousia** / 希腊，马其顿，埃帕诺米

HATZIDAKIS / **Assyrtiko** / 希腊，圣托里尼岛

TXOMIN ETXANIZ / **Chacolí** / 西班牙

STÉPHANE TISSOT / **Arbois Savagnin** / 法国，汝拉

KABAJ / **Rebula** / 斯洛文尼亚，戈里斯卡–布尔达

CAVE DU VIN BLANC DE MORGEX ET DE LA SALLE RAYON / 意大利，瓦莱达奥斯塔

CONUNDRUM / **White Wine** / 美国，加利福尼亚

CEDERBERG CELLARS / **Bukettraube** / 南非，锡德伯格

DARIO PRINCIC / **Jakot** / 意大利，弗留利–威尼斯–朱利亚

10款新秀红酒

SANDHI / **Evening Land Tempest Pinot Noir** / 美国，加利福尼亚，圣巴巴拉

MEYER-NÄKEL / **Blauschiefer Spätburgunder** / 德国，阿尔

PYRAMID VALLEY / **Howell Family Vineyard Cabernet Franc** / 新西兰，霍克斯湾

BODEGA CHACRA / **Barda Pinot Noir** / 根廷，巴塔哥尼亚，里奥内格罗

GRACI / **Passopisciaro Etna Rosso** / 意大利，西西里岛

MORIC / **Blaufränkisch** / 奥地利，布尔根兰

BODEGAS Y VIÑEDOS PONCE / **Clos Lojen** / 西班牙，曼切艾拉

ERIC TEXIER / **Brézème Côtes du Rhône** / 法国，罗讷

MATETIC / **Corralillo Syrah** / 智利，圣安东尼奥

MENDEL / **Malbec** / 阿根廷，门多萨

10款新秀白酒

MULLINEUX / **Estate White** / 南非，斯瓦特兰

GREYWACKE / **Wild Sauvignon** / 新西兰，马尔堡

WINE & SOUL / **Guru Branco** / 葡萄牙，杜罗

VIÑA LEYDA / **Reserva Sauvignon Blanc** / 智利，利达谷

DOMAINE LES GRANDS BOIS / **Viognier** / 法国，罗讷酒区

DIRLER-CADÉ / **Saering Grand Cru Muscat** / 法国，阿尔萨斯

FILIPA PATO / **Nossa Branco** / 葡萄牙，拜拉达

HERENCIA ALTÉS / **Garnatxa Blanca** / 西班牙，特拉阿尔塔

DOMAINE MATASSA / **Vin de Pays des Côtes Catalanes** / 法国，鲁西荣

CAPE POINT VINEYARDS / **Stonehaven Sauvignon Blanc** / 南非，开普角

10款低酒精度红酒

ROBERT SÉROL / **Vieilles Vignes** / 法国，侯安区

LOUIS JADOT / **Les Roches Rouges** / 法国，马孔

BROWN BROTHERS / **Tarrango** / 澳大利亚，维多利亚

DOMAINE FILLIATREAU / **Saumur-Champigny** / 法国，卢瓦尔

EDMUNDS ST. JOHN / **Bone-Jolly Gamay Noir** / 美国，加利福尼亚，埃尔多拉多县

AFROS / **Vinhão Tinto** / 葡萄牙，葡萄牙绿酒产区

CHÂTEAU THIVIN / **Brouilly** / 法国，博若莱

CAVE DE SAUMUR / **Réserve des Vignerons Saumur Rouge** /法国，卢瓦尔，索米尔

CLOS DU TUE-BOEUF / **Cheverny Rouge** / 法国，卢瓦尔

HENRY FESSY / **Beaujolais-Villages** / 法国，博若莱

10款低酒精度白酒

PAULINSHOF / **Urstuck Riesling Trocken** / 德国，摩泽尔

CLEMENS BUSCH / **Estate Riesling** / 德国，摩泽尔

MEULENHOF / **Erdener Treppchen Riesling Auslese Alte Reben** / 德国，摩泽尔

TYRRELL'S / **Vat 1 Hunter Valley Semillon** / 澳大利亚，新南威尔士州

DÖNNHOFF / **Riesling Kabinett** / 德国，纳黑

ELIO PERRONE / **Moscato d'Asti** / 意大利，皮埃蒙特

QUINTA DE AZEVEDO / **Vinho Verde** / 葡萄牙

SCHLOSS SCHÖNBORN / **Hattenheimer Pfaffenberg Riesling Spätlese** / 德国，莱茵高

DOMAINE DE L'IDYLLE / **Cuvée Orangerie** / 法国，萨瓦

TE WHARE RA / **D Riesling** / 新西兰，马尔堡

10款适合特殊场合的香槟

CHAMPAGNE TAITTINGER / **Comtes de Champagne Blanc de Blancs** / 法国，香槟

CHAMPAGNE HENRIOT / **Cuvée des Enchanteleurs** / 法国，香槟

CHAMPAGNE GOSSET / **Grande Réserve Brut** / 法国，香槟

CHAMPAGNE GIMONNET / **Premier Cru Brut** / 法国，香槟

DOM RUINART / **Blanc de Blancs Vintage** / 法国，香槟

CHAMPAGNE EGLY-OURIET / **Tradition Grand Cru Brut** / 法国，香槟

CHAMPAGNE SALON / **Cuvée "S" Le Mesnil** / 法国，香槟

CHAMPAGNE KRUG / **Grande Cuvée** / 法国，香槟

CHAMPAGNE DOM PÉRIGNON / 法国，香槟

CHAMPAGNE LOUIS ROEDERER / **Cristal** / 法国，香槟

10款高品质起泡酒

ANTECH / **Brut Nature NV Blanquette de Limoux** / 法国，朗格多克，利穆

RAVENTÓS I BLANC / **De Nit** / 西班牙，卡瓦

BODEGAS SUMARROCA / **Cava Brut Reserva** / 西班牙，加泰罗尼亚

LA JARA / **Prosecco Spumante Extra Dry** / 意大利，威尼托

BISOL / **Jeio Prosecco di Valdobbiadene** / 意大利，威尼托

JANSZ / **Premium Cuvée Sparkling Wine** / 澳大利亚，塔斯马尼亚岛

CLOUDY BAY / **Pelorus** / 新西兰，马尔堡

SCHLOSS GOBELSBURG / **Sekt Brut Reserve** / 奥地利，坎普谷

DOMAINE PFISTER / **Crémant d'Alsace** / 法国，阿尔萨斯

CHAMPAGNE DELAMOTTE / **Brut NV** / 法国，香槟

10款加强酒

FONSECA / **Vintage Port** / 葡萄牙，杜罗

TAYLOR'S / **Vintage Port** / 葡萄牙，杜罗

QUINTA DO NOVAL / **Nacional Vintage Port** / 葡萄牙，杜罗

EQUIPO NAVAZOS / **La Bota de Amontillado Sherry** / 西班牙，圣路卡-德-巴拉梅达

BLANDY'S / **Verdelho Vintage Madeira** / 葡萄牙，马德拉

BODEGAS TRADICIÓN / **30 Year Old VORS Palo Cortado Sherry** / 西班牙，赫雷斯

LUSTAU / **Almacenista Obregon Amontillado del Puerto Sherry** / 西班牙，赫雷斯

MARCO DE BARTOLI / **Marsala Superiore 10 Anni** / 意大利，西西里岛

SANDEMAN / **40 Year Old Tawny Port** / 葡萄牙，杜罗

SEPPELTSFIELD / **Para Grand 10 Year Old Tawny** / 澳大利亚，巴罗萨谷

10款经济型加强酒

LA GITANA / **Manzanilla Sherry** / 西班牙，圣路卡-德-巴拉梅达

VALDESPINO / **Inocente Fino Sherry** / 西班牙，赫雷斯

GONZÁLEZ BYASS / **Tío Pepe Fino Sherry** / 西班牙，赫雷斯

DOMAINE SARDA-MALET / **Le Serrat Rivesaltes Ambré** / 法国，鲁西荣

WARRE'S / **Bottle Matured Late Bottled Vintage Port** / 葡萄牙，杜罗

RAMOS PINTO / **Late Bottled Vintage Port** / 葡萄牙，杜罗

NIEPOORT / **Ruby Port** / 葡萄牙，杜罗

QUADY'S / **Batch 88 Starboard** / 美国，加利福尼亚

VINHOS BARBEITO / **10 Year Old Sercial** / 葡萄牙，马德拉

BACALHÔA / **Moscatel de Setúbal** / 葡萄牙

场景索引

个人精彩瞬间：人生的每一步

工作天地：忙碌与愉悦交织

感情生活：为我俩准备的

节日时刻：欢聚在一起！

乐在城镇中：在外聚餐

让我来款待你

日常生活

酒品索引

A

B

C

D

G

H

I

J

K

L

M

N

S

T

V

W

Y

致谢

感谢以下各位的热心帮助：

Sara Morley，督促本书的完成；

Neil Beckett，尽心编辑；

Johanna Wilson，耐心十足，默默支持；

The Tombesi-Waltons，鹰一般敏锐的眼光；

Bob Morley，完美的设计；

Kazumi Suzuki，竭尽全力地搜寻图片；

Claudia, Raffy 和 Mathilde，忍受我的坏脾气；

Ann 和 Geoff Williams，在阿斯蒂起泡酒、接骨木果酒和里奥哈酒内容方面给予教益。

图片引用

32页：©Peter Cassidy，引自Paul Gayler，Steak (Jacqui Small,London,2006)

106页：©Michel Smith; www.les5duVin@wordpress.com

182页：©Jon Wyand